雪月花の数学

—日本の美と心をつなぐ「白銀比」の謎—

桜井 進

祥伝社黄金文庫

はじめに

日本に生まれ、気がつけばその日本で計算が好きになっていた。そして、今なお計算の旅を続け、数学世界を彷徨《さまよ》っている。

数学における模索とは答えを求めることと一般には思われているが、実はもっと大切なことがある。問題を見つけることである。意味のある問題の発見があって、はじめてその答えを求めようとするのであって、問題は天から降ってわいてはこない。本質的な問題との遭遇こそ、数学の深化にとって最も重要なことなのである。解きたいと人に思わせる問題があって、はじめて人は問題を解く。そして、その問題解決の努力は、新たな問題が生みだされる豊穣なる大地を開拓していくことを意味する。

数学者とは詩人である。新しい言葉を創り出すという意味である。問題を発見し、問題を解く。その過程で新しい概念という果実を手に入れ、その概念には言葉が与えられる。次に、その言葉のおかげで新天地への旅が可能になる。こうして人類は数学を作ってきた。

数学という言葉には力がある。

幸運なことに、そのことを小さい頃に実感した。それは少年時代、ラジオのおかげだった。ラジオを聴くだけでなく、ラジオを作ることが趣味だった。ラジオの回路図に隠れた数式と遭遇した。

最初に覚えた公式は、ラジオの選局の基本になる共振周波数をコンデンサーとコイルの容量から求めるものだった。公式をもとに回路が設計されて、半田《ハンダ》ごてを握り、組み立てていくとラジオは鳴った。ラジオが鳴ることよりも、数式とラジオが繋《つな》がっていることに興奮した。次第に電子回路の興味は、電子それ自体に移っていった。物理学との出会いである。ラジオだけでなく、宇宙の仕組みまでが数式で表現できてしまう。物理学者、アインシュタインが宇宙を説明するのに用いた言葉が、数学だったのだ。それが中学生の時だった。その中学の国語の時間、『奥の細道』を習った時にふと思った。

松尾芭蕉《まつおばしょう》の俳句は、なぜ「五・七・五」なのだろうか。

その問いかけをしまったまま、大学生になり物理や数学の道に進み始めた。

ひとは、なぜ数学をするのだろうか。

筆者にとって、それはあまりに明らかなことだった。数学には力があり、感動があるからだ。しかし、予備校で出会った高校生には、そのことは明らかではなかった。そのことを伝えることの大切さを感じて、サイエンス・ナビゲーターへと変身した。

計算は旅である。イコールというレールの上を数式という列車が走る。その思いを胸に全国を旅しながら、数学の愛を語りつづけるようになった。

それは、時が経ち30歳を過ぎた頃だった。ふと目にした富士山の稜線が指数曲線 $y=e^x$ に重なるのではないかと思った。はたして確かめてみると予想は的中。さらに葛飾北斎《かつしかほくさい》の描く富士山までが鮮やかに指数曲線に合った。

そして、ひょんなことから華道の世界を知ることになり、日本には西洋とは異なる美のバランスがあることを知った。こうしてさまざまな風景の背後に、一つの数が浮かび上がってきた。それが「白銀比」だった。建築、絵画、茶道、華道、そして俳句といった江戸で頂点を極めた日本の文化の背後にその数はあった。

本書の表題にある「雪月花」とは、かつて川端康成《かわばたやすなり》がノーベル文学賞受賞記念講演で挙げた、日本人の自然観を表現する最もシンボリックな言葉である。そこに数学がクロスオーバーする風景が、私のスクリーンに映し出されてきた。中学の時、芭蕉の俳句に抱いた疑問はここで一つの答えにたどり着いた。そしてそこから、次の問いが浮かび上がってきた。

日本で生まれたことと、日本で数学をすることに関係があるのだろうか。サイエンス・ナビゲーターの筆者にとって、まさに「問題」との遭遇だった。日本には日本独自の数学「和算《わさん》」があった。和算には「遺題継承《いだいけいしょう》」という、問題を解いてはまた新しい問題を作り、それを算額にして多くの人に知ってもらうという、独特の循環が作られていた。おかげで江戸時代、数学は庶民から大名まで愛された。世界一の数学大国が、この日本だったのだ。その子孫が私たちである。

驚くべきことに、私たちの先祖は日本の美と調和を表現する根底に数を見て、それをうまく使ってきた。本書は、わが胸に映る日本の心に数学で迫り、解釈する試みである。

二〇一〇年六月

桜井《さくらい》　進《すすむ》

目次

第2章 黄金比が描く「動」 白銀比が示す「静」

数が明らかにしたヨーロッパと日本の感性の違い

第3章 「五・七・五」と「素数」の関係

なぜ日本人は「3・5・7・9」の「奇数」を大切にするのか

第4章 江戸の驚異的数学「和算」の世界

天才数学者を輩出する日本、その伝統と理由

第5章 雪月花の数学
四季折々の自然を愛《め》でる心、数式はすべてを知っていた

装幀／中野岳人
本文写真／津田聡
本文図版／ＤＡＸ

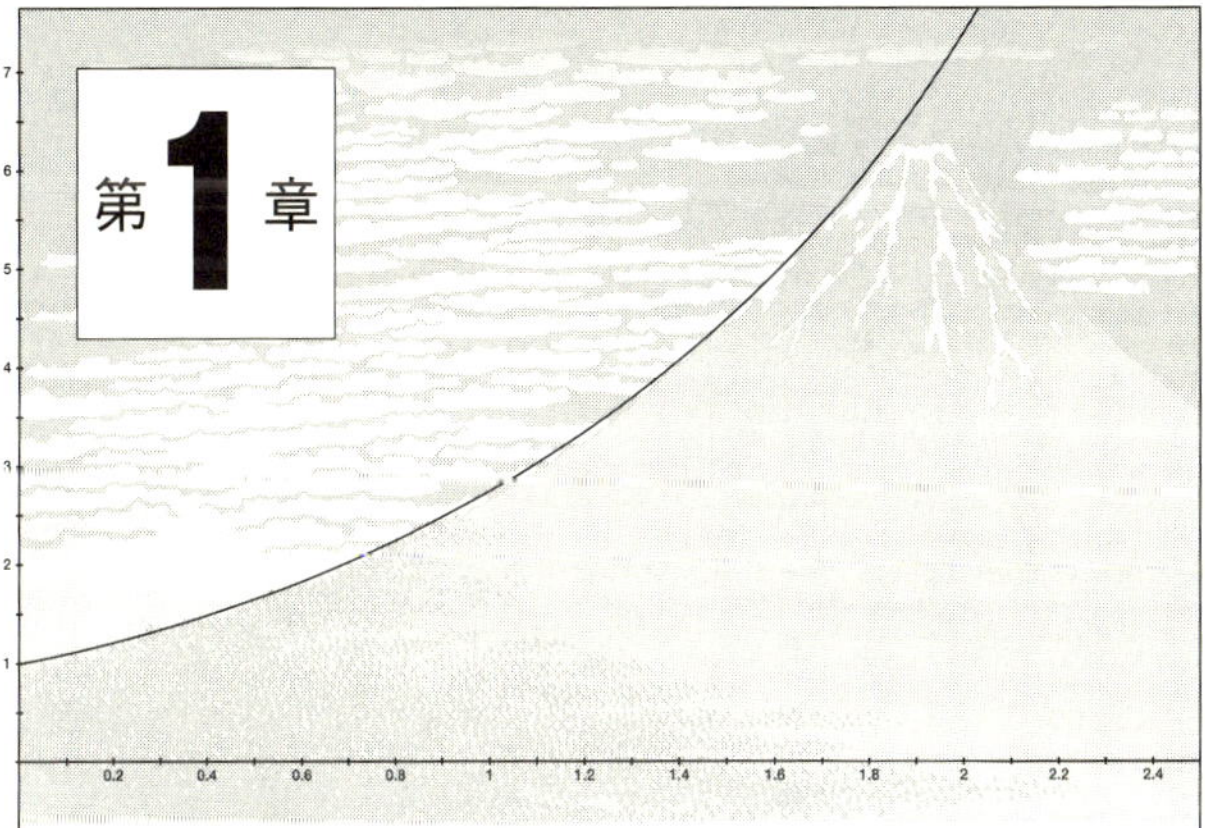

第1章

日本の美に潜む$\sqrt{2}$と正方形の謎

日本人が愛する「数」と「形」

■「黄金比」に対する「白銀比」とは何か

「黄金比」という言葉自体は、よくお聞きのことと思う。人間が美と調和を感じる、最も美しい比率としての数のことだ。「黄金律」とも言う。

エジプト・ギザにあるクフ王のピラミッドや、アテネのパルテノン神殿、ミロのヴィーナス、ドミニク・アングルの絵画「泉」など、古来、建築物や芸術作品にこの黄金比が取り入れられてきたことは有名で、あの『ダ・ヴィンチ・コード』の冒頭でもレオナルド・ダ・ヴィンチの「ウィトルウィウス的人体図」が登場する。

身近なところでは、各種のカードや名刺、国旗などの縦・横も黄金比になっており、総じて「黄金長方形」と呼ばれている。これらは正確には17ページの式で表わされる。

その値《あたい》は、1・6180339887……となって、小数点以下が無限に続くのだが、小数点以下第2位の1を四捨五入して「1対1・6」が黄金比であると覚えておいてよいだろう。あるいは「5対8」でもよい。

なぜ黄金比が最も美しい比率とされるのか、またなぜ$\sqrt{5}$という平方根《へいほうこん》をもって数式で表わされるのかについては、章をあらためて説明する。ここでは「1対1・6」が美しさとバランスをもたらす安定比であることのみ銘記していただきたい。その前に、黄金比に

《黄金比》

$$1 : \frac{1+\sqrt{5}}{2}$$

似た安定比である「白銀比」を紹介したいと思う。この白銀比こそが、日本の美と心を解読するために鍵となる数だからである。

さて黄金比が一般に流布しているのに対し、白銀比という言葉は、建築やデザインの世界に携わる人を除き、あまり馴染《なじ》みがないのではないだろうか。

英語では黄金比が「ゴールデン・レシオ (golden ratio)」、白銀比は「シルバー・レシオ (silver ratio)」である。これも後述するが、黄金比は西洋の美を構築する「神聖な数」であり、それゆえ「黄金＝ゴールデン」が冠された。したがって「白銀＝シルバー」が黄金に準じることから名付けら

《カードに見る黄金比》

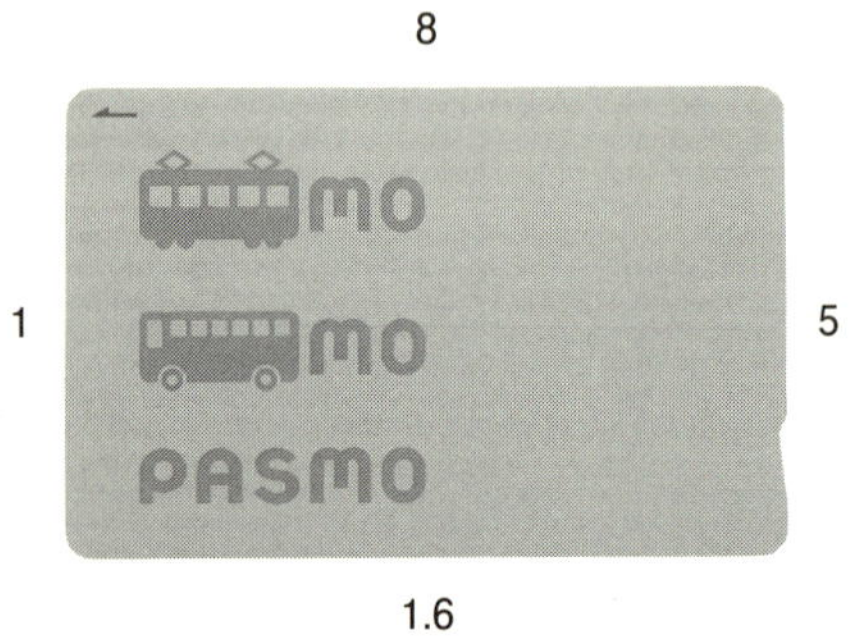

れ、明治以降、西洋の数学が導入された日本において、それぞれ「黄金比」「白銀比」と翻訳されたことは容易に想像がつく。

　では白銀比とは何か。ごく簡単に言えば、それは「1対1・4」、正確には「1対1《ひと》・4《よ》1《ひと》4《よ》2《に》1《ひと》3《み》5《ご》6《ろ》……」、すなわち「1対$\sqrt{2}$」のことで、代表的なものとしてはA判やB判といった用紙の寸法が挙げられる。

　白銀比の「1対1・4」と黄金比の「1対1・6」、この微妙な差異を、今一度しっかりとご記憶いただきたい。

■日本の伝統建築と「白銀比＝$\sqrt{2}$」

　白銀比の「$\sqrt{2}$」という数は、正方形か

《白銀比》

$$1 : \sqrt{2}$$

ら導《みちび》き出される。つまり、ここに1辺の長さが「1」の正方形があるとすれば、その対角線の長さが「$\sqrt{2}$」になるということだ。

21ページで示すように、このことは中学校3年生で習う「ピタゴラスの定理（三平方の定理）」によっても分かるだろう。

そう、直角三角形の斜辺の長さをa、直角をはさむ2辺の長さをそれぞれb、cとすると、「aの2乗＝bの2乗＋cの2乗」の関係が成り立つという定理である。

実は、この正方形の1辺と対角線の比が「1対$\sqrt{2}$」になるという性質を抜きに、日本の建築技術は語れない。そのため白銀比は「日本の黄金比」とも呼ばれているのだ。

ご承知のとおり、日本の伝統的建築は民家から寺社、城郭にいたるまで、すべて木造である。建築材となる木材を、天然の樹木から伐《き》り出し、用途に応じてさまざまに加工して、建築物へと組み上げてゆく。

もちろんその工程は精密な計算に基づき行なわれ、ゆえに建築は数学と物理学の集積なのだが、きちんとした建築物を完成させるためには、まず第一に、建築の部材である木材の寸法を正確に測定することが必要だった。

そして、古くから寸法の測定に使われてきたのが「曲尺《かねじゃく》」という大工道具である。またの名を「サシガネ（指矩）」「カネザシ（矩差）」「カネ」などとも言う。普通の直線定規を途中から直角に曲げたような形になっており、短辺と長辺からなる。現在はステンレス製だが、昔は真鍮《しんちゅう》や鉄製だったそうだ。この曲尺を使って丸太から角材を取る際に、自動的に「$\sqrt{2}$」が出てくることに注目したい。

曲尺の短辺は7寸《すん》5分《ぶ》（約22・7cm）、長辺は1尺《しゃく》5寸5分（約47cm）である。この単位表示から分かるように、大宝律令《たいほうりつりょう》以来の尺貫法《しゃっかんほう》を基準としている。もっとも、昭和41年には公式な場面での尺貫法の使用が禁止された。そのため現在市販されている曲尺は、目盛りが「m、cm、mm」単位のものと、従来どおりの「尺、寸、分」単位のものが併存している。また、目盛り自体は尺貫法単位でも、表示が「1／33m」という場合もある。これは「1／33m」が「1寸」に相当するからである（1寸＝3・030303……cm）。

ではなぜ「曲尺を使って丸太から角材を取る際に、自動的に√2が出てくる」のか。その秘密は曲尺の目盛りにある。曲尺には「2種類の目盛り」が存在するのだ。

《ピタゴラスの定理》

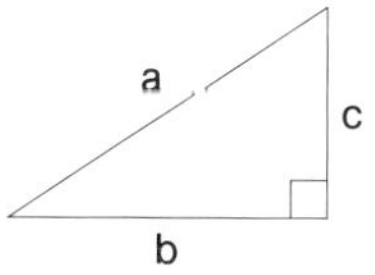

$a^2=b^2+c^2$

正方形の場合

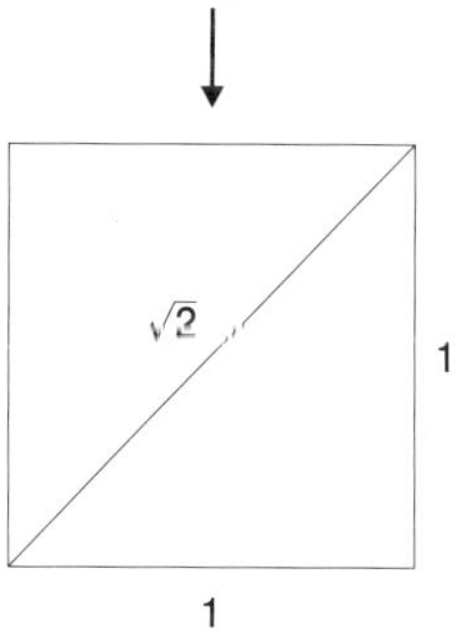

$(\sqrt{2})^2=1^2+1^2$

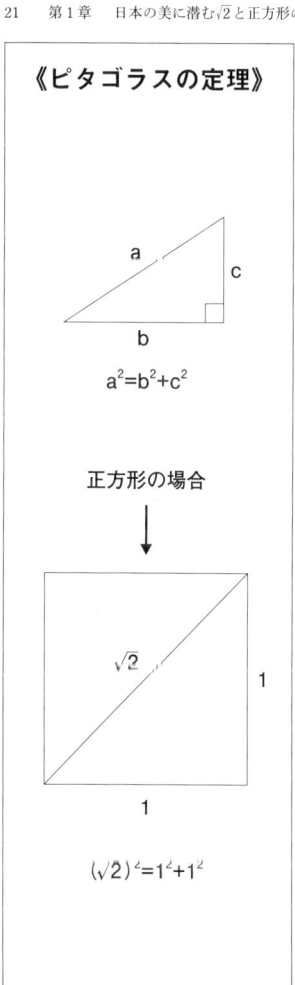

《「裏目」が示す数》

裏目（角目）の1㎝＝表目の1× $\sqrt{2}$ ㎝
＝表目の約1.4㎝

裏目（角目）の5㎝＝表目の5× $\sqrt{2}$ ㎝
＝表目の約7㎝

■大工道具「曲尺」に潜む $\sqrt{2}$ の謎

曲尺を23ページで図示したように平面に置いた時、短辺を右向きにした場合に見える面（目盛り）を「表目《おもてめ》」、逆に左向きにした場合を「裏目《うらめ》」と呼ぶ。それぞれに目盛りが打ってあるが、「表目」と「裏目」では、その寸法が異なっているのだ。

すなわち、「表目」には尺貫法の寸法どおり1寸、2寸と目盛りが打たれているのに対し、「裏目」は同じ1寸の幅でも「表目」の1寸より長く、いわば「正確な1寸ではない」のである。

「裏目」の1寸は、実は「表目」の1寸を約1・4142倍したものだ。つまり「裏目」に打たれている「1寸」の目盛りは、

《曲尺の裏目を使って角材の１辺を求める①》

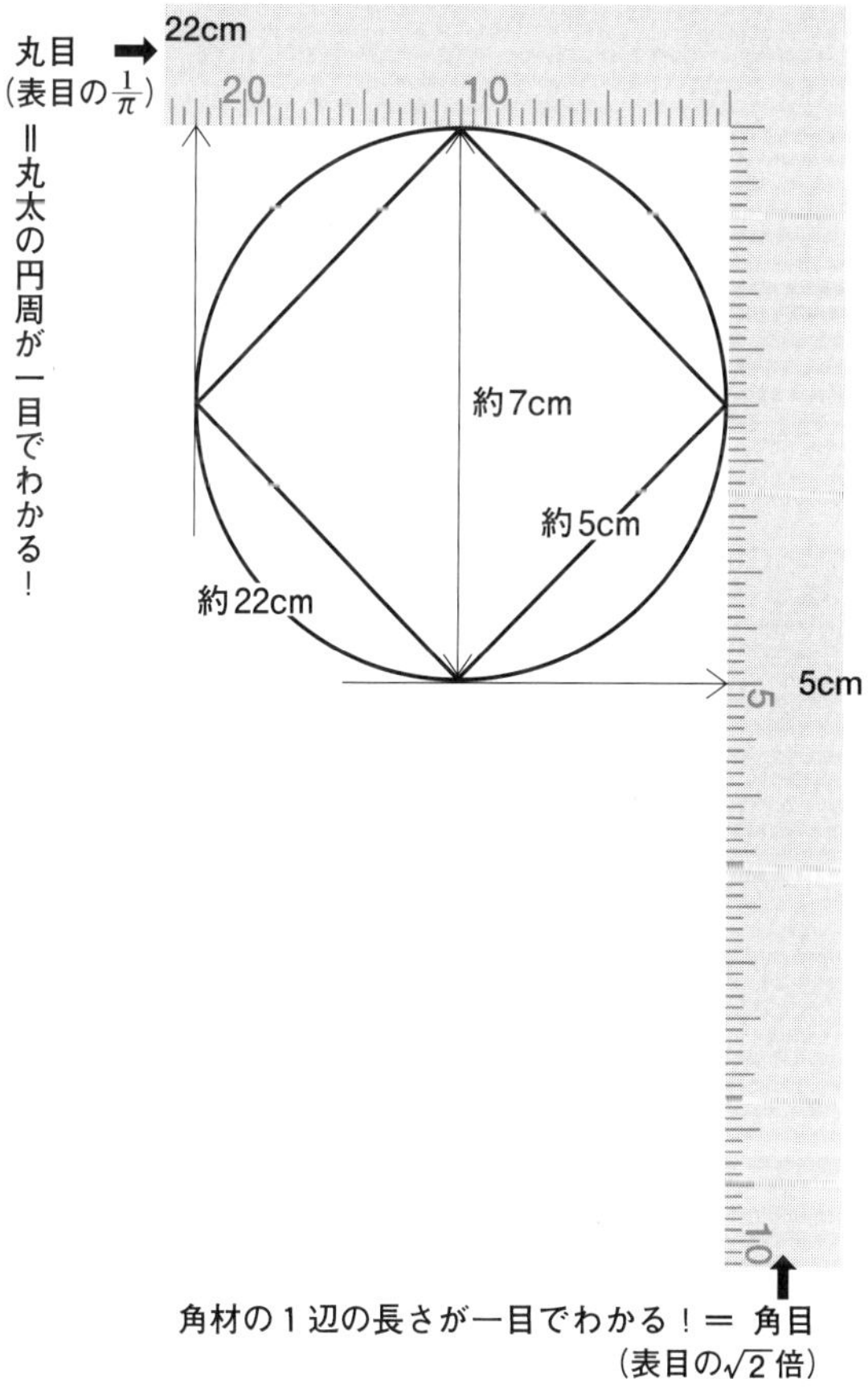

本当は尺貫法における「1寸4分1厘《りん》4毛《もう》2糸《し》」に相当するのである。

見方を変えれば、「表目」に対応する「裏目」の目盛りは、「表目」を1・4142で割った数を示すことになる。したがって、曲尺で何かの長さを計測した時に、仮に「表目」で「1寸」と出たとすると、曲尺をひっくり返して表示される「裏目」では「約0・7071寸」となる。

もうお分かりだろうが、1・4142とは√2のことだ。だから「裏目」の目盛りは「表目」の√2倍になっているとも言える。日本の伝統的な大工道具である曲尺には、白銀比の「√2」が潜《ひそ》んでいたのである。

■角材の1辺の長さをどう求めるか

それでは、実際に曲尺はどのように使われるのだろうか。前述したとおり、丸太から角材を取るという建築の第一歩たる作業を見てみることにする。

天然の樹木（丸太）から角材を切り出すということは、数学的な表現をすると「円から内接する正方形を求める」ことだが、具体的には25ページのような手順を踏む。

《曲尺の裏目を使って角材の1辺を求める②》

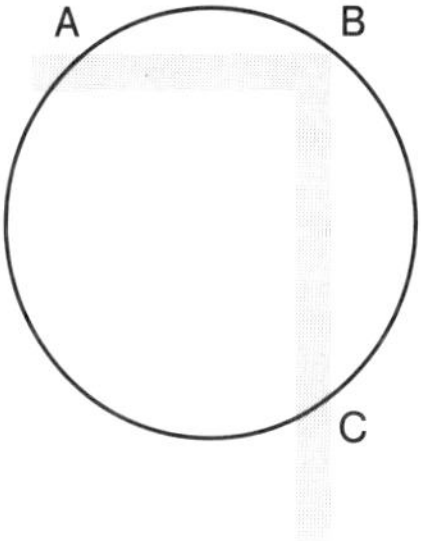

曲尺の頂点を丸太の円周に合わせる(任意の1点で、どこでもよい)。
合わせた点をB、短辺と長辺の円周との交点をA、Cとする

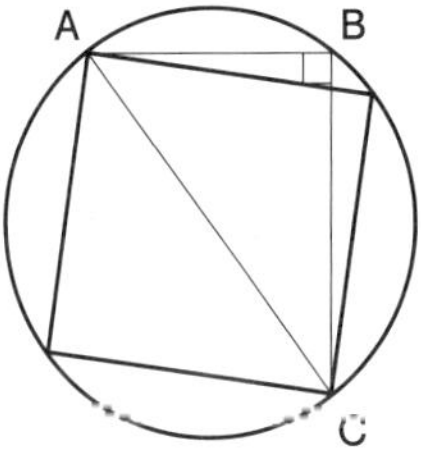

線分ACを結ぶと丸太(円)の直径になる(直径の円周角は90°という定理から)。
これは円に内接する正方形＝角材の対角線でもある

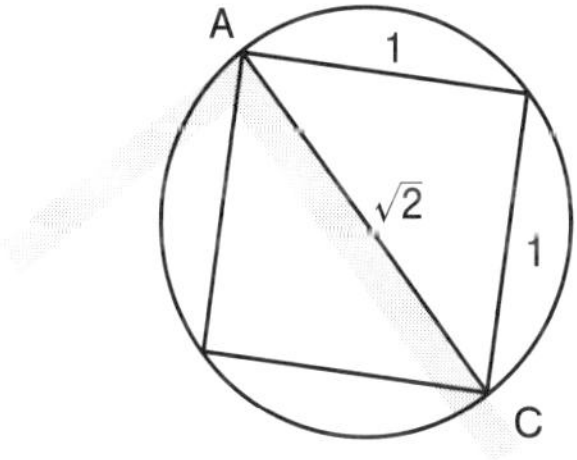

線分ACを「裏目」で測る。「裏目」は正確な寸法である「表目」の目盛りを$\sqrt{2}$で割った数に対応しているので、そのまま角材の1辺の長さが表示される

①曲尺の直角部分（頂点）を、丸太の円周の1点に合わせる。
②短辺と長辺、それぞれが丸太の円周に交わる。
③②の交点を直線で結ぶ。すると丸太の直径が現われる（直径の円周角は直角になるという円の性質が利用されている）。
④対角線の長さを「裏目」で測る（「表目」で測った後に、曲尺をひっくり返して「裏目」で測る場合もある）。
⑤丸太から取れる正方形、すなわち角材の1辺の長さが表示される。

要するに、丸太の直径を「裏目」で測れば、一瞬にして角材の1辺の長さが求められるわけである。

なぜこのように、かくも簡単に計測できるのか。それは曲尺の「裏目」が「表目」の$\sqrt{2}$倍になっているからにほかならない。23ページの図をもう一度見ていただきたいが、「表目の1㎝＝裏目では約0・7071㎝」、「裏目の1㎝＝表目では約1・4142㎝」といった具合に、「表目」と「裏目」は「1対$\sqrt{2}$」もしくは「1対1／$\sqrt{2}$」の関係になっている。

あらためて「ピタゴラスの定理」を持ち出すまでもなく、正方形の1辺と対角線の長さの比は「1対$\sqrt{2}$」であるから、対角線の長さが分かれば、1辺の長さは自動的に求められる。そう、対角線の長さを$\sqrt{2}$で割ればよい。

今、求めようとしているのは丸太から切り出すべき角材の1辺だ。繰り返すが、円に内接する正方形の1辺である。この時、円の直径と正方形の対角線は同一であるから、直径の長さを$\sqrt{2}$で割れば、角材の1辺の長さが出てくる。

ところが曲尺の「裏目」の目盛りは、すでに「表目」を$\sqrt{2}$で割ったものになっている。ということは、「表目」が示す「正確な寸法」を$\sqrt{2}$で割るなどという面倒な計算をする必要がない。「裏目」の目盛りを直径（正方形の対角線）に当てるだけで、角材1辺の長さは判明してしまうのである。

■木材を無駄にしないための形と数

見落としてならないのは、なぜ「正方形」を求めるのかということだ。

円からは、さまざまな形の角材を取ることができる。それこそ黄金長方形でも可能である。ところが、丸太という円を最も無駄なく利用するためには、必然的に正方形でなければばならない。円に内接する長方形を求める時、その長方形を除いた半月状の部分の面積が最も小さくなるのは正方形なのである。これは29ページのように証明される。

ここに、「もったいない」とか「始末」という言葉に通じる、日本人の精神が見てとれる。実用性を重んじ、できるかぎり無駄を省く。自然の恵みを大切にする。そのために最も合理的な方法を編み出している。最も合理的な方法とは、白銀比すなわち「1対$\sqrt{2}$」という数式によって導き出されるものであった。

むろん日本人は、数式をもって「丸太から切り出す角材の面積」を認識していたわけではない。自然の恵みに対峙した時の直感と、自然と共存してきた経験値から「正方形」に到達したのだと考えられる。

付け加えるなら、角材を切り出した後、残った部分は割り箸《ばし》などに加工して利用される。一時期、割り箸は使い捨てだから森林資源を無駄にしている、割り箸をやめて持ち箸にすべきだとのエコロジー運動が起きたが、まったくの見当違いだ。

割り箸自体が資源の無駄づかいをなくすために作られていたのであり、同時に、割り箸作りに従事する人たちがいる。いわば、資源の完全利用と雇用の確保という二つの意義を同時に生んでいるのだ。

《正方形が最大面積になる理由》

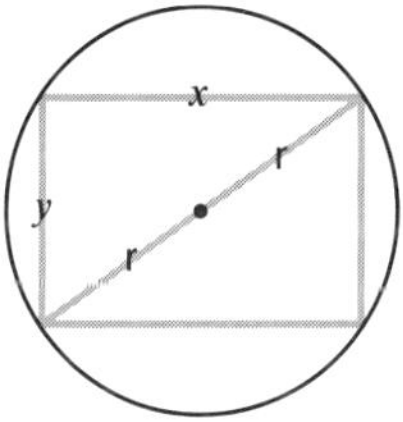

与えられた円の半径をrとして、内接する四角形の各辺をx、yとすると、三平方の定理より

$$y=\sqrt{(2r)^2-x^2}=\sqrt{4r^2-x^2}$$

であるから四角形の面積Sは

$$S=x\sqrt{4r^2-x^2}=\sqrt{4r^2x^2-x^4}=\sqrt{-(x^2-2r^2)^2+4r^4}$$

と表わされる。これよりSが最大になるのは

$$x^2=2r^2$$

すなわち

$$x=\sqrt{2}r$$

の時である。この時$y=\sqrt{4r^2-2r^2}=\sqrt{2}r$

であるから$x=y$となり、四角形が正方形の時

面積Sは最大値$2r^2$をとる。

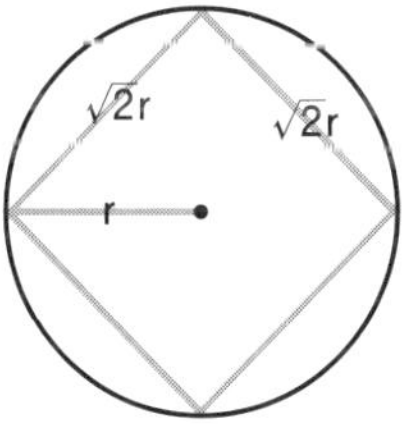

■古都を形づくる「120m四方の正方形」

西洋と対比して分かることは、日本の生活空間には正方形が非常に多いということである。われわれは日本に居住し、ごく当たり前に接しているから気づきにくいが、あらためて見渡してみると正方形は、そこかしこに存在している。

まず、都市計画の基本が正方形だった。歴代天皇が造営してきた都は、中国に源流を発する「条坊《じょうぼう》制」と言って、南北を通る大路《おおじ》と東西の大路を組み合わせた、いわゆる「碁《ご》盤《ばん》の目」状の都市である。

天武《てんむ》天皇がその嚆矢《こうし》とされるが、以後、持統《じとう》天皇によって完成された新益《あらまし》京（藤原《ふじわら》京）、元明《げんめい》天皇の平城《へいじょう》京、聖武《しょうむ》天皇の恭仁《くに》京、桓武《かんむ》天皇の長岡京など、いくたびもの遷都を繰り返し、平安京の完成を見る。ちなみに平安京への遷都は桓武天皇によるもので、長岡京造営からわずか10年後のことであった。

平安京は「条坊制」という都市区画システムに基づき、町を南北9条、東西8坊に区分した。9×8＝72区画である。この区画、つまり東西南北の大路で囲まれた区画のことも「坊」と呼ぶのでややこしいのだが、「坊」は31ページの図でご覧のとおり、きれいな正方形を描いている。さらに「坊」は、小路《こうじ》によって16の「町《ちょう》」に区分されており、これが平

《平安京は正方形でできている》

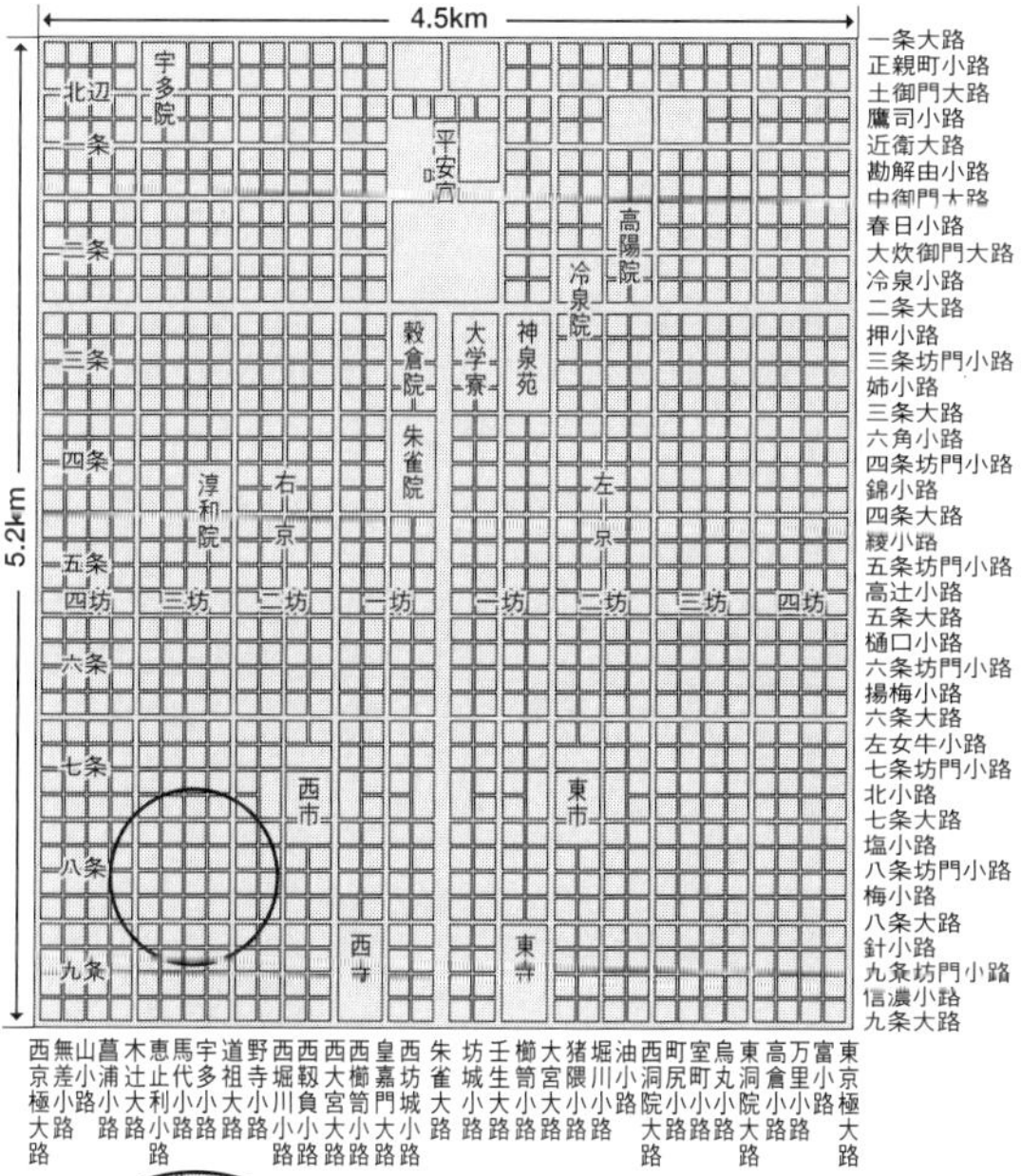

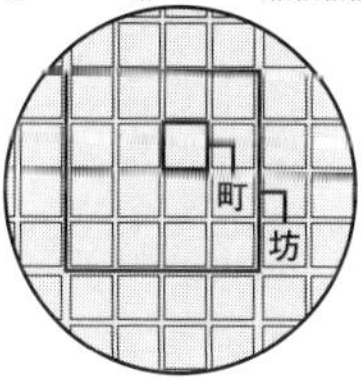

平安京の基本区画「坊」は、「大路」で囲まれた正方形。さらに「坊」を16に区分した「町」は、120m四方の正方形である

安京という大都市を形成する最小単位となっている。「町」の1辺は40丈《じょう》（約120m）とされた。言い換えれば、人々が暮らす土地の単位ブロックが120m四方の正方形なのである。

もっとも、平安京以前の都では「町」は必ずしも正方形ではなく、その大きさも不統一のことが多かったようだ。都市造営を重ねる中で、試行錯誤の末にたどり着いたのが平安京における正方形だったと言えるかもしれないが、いずれにせよ今から1200年以上も昔、整然とした正方形が生活空間に出現したことは注目に値する。『源氏物語』はここで誕生した。

■畳の縦横比が意味すること

都市から住居の中へと目を転じてみよう。畳は縦横比が2対1である。すなわち、2畳《じょう》で正方形となる。あるいは1畳を2分割しても正方形だ。

畳には京間《きょうま》、中京間《ちゅうきょうま》、江戸間《えど》、団地間《だんち》など、寸法の異なる規格が存在するが、基本は3尺（約910㎜）×6尺（約1818㎜）であり、2対1の比が崩れることはない。

これが日本建築のモジュール（基本寸法）となるのである。「尺モジュール」と呼び、現代の建築現場でも使われている。分かりやすいところでは、柱と柱の間隔を表わす「1間《けん》」が尺モジュールの基本だ。1間とは6尺のことである。

基本寸法をさまざまに組み合わせることで、建築物の大きさや間取りを決めてゆく方法を「モジュール工法」と言う。設計・施工の際に用いられるのは、基本寸法の倍数や等分割（2分割、3分割、4分割、6分割、8分割など）である。変則的な数字の生じる余地がないため、建材の量や作業時間に無駄が出ない。モジュール工法の最大の利点は「効率のよさ」にあるのだ。

《畳の比は２：１》

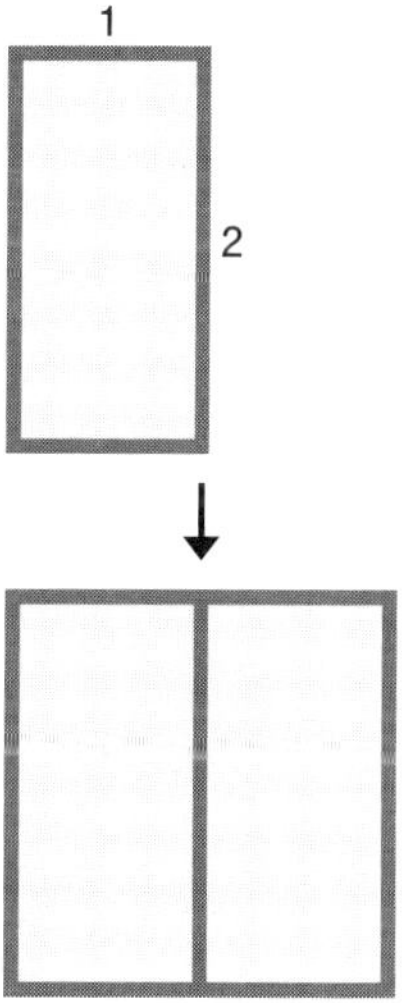

２枚を並べれば正方形になる

20世紀最高の建築家と言われるフランスのル・コルビュジェは、モジュール工法に独自の基準寸法「モデュロール」を導入した（正確には「基準寸法の数列」）。「モジュール」(module)と「黄金」(or)を組み合わせた造語で、「黄金の尺度」という意味である。これでお分かりのように、後述する黄金比を根底に置いている。言うまでもなくコルビュジェはモダニズム建築の提唱者であり、手がけた作品が世界に与えた影響は計り知れない。

■6尺×6尺の正方形が「1坪《つぼ》」

畳2畳が1坪である。つまり土地面積の基本単位である「坪」は、尺モジュールにしたがえば「6尺×6尺」＝「1間×1間」の「36平方尺」であり、メートル法では「1818㎜×1818㎜」＝「3・305㎡」の正方形ということになる。

平安京を構成する「町」は1辺が40丈の正方形だった。1丈は10尺、つまり約3mであるから、3m×40＝120m。したがって「町」の面積は120m×120m＝1万4400㎡、およそ4357坪となる（ただし平安京造営時の「尺」は1尺＝約29・84㎝と、やや短いことが発掘調査により判明している）。

ところで、尺に基づく度量衡《どりょうこう》単位にも「町」はあり、1町は3000坪である。また、

《日本の度量衡》

[長さ]	(メートル法)
1里＝36町	3.927km
1町＝60間	109.09m
1間＝6尺	1.818m
1丈＝10尺	3.03m
1尺＝10寸	0.303m
[面積]	
1町＝10反	9917㎡
1反＝10畝	991.7㎡
1畝＝30坪	99.17㎡
1坪＝10合	3.305㎡
1合＝10勺	0.3305㎡

※メートル法での換算は、およその値になる

「町」は面積と同時に長さや距離の単位でもある。メートル法に馴染んだ現代人には、尺貫法を理解するのに苦労を強《し》いられよう。そこでひとまず、度量衡の「度」である長さについて、35ページのように整理しておきたい。

ちなみに「坪」と等しい広さを表わす単位に「歩《ぶ》」があるが、主として畑や水田といった耕作地、および山林などの面積について使われる。対して「坪」は、ご存じのとおり住宅中心の単位である。同様に、「町」「反《たん》」「畝《せ》」が耕作地用、「合《ごう》」「勺《しゃく》」は宅地用と使い分けられている。

■なぜ茶室は4畳半が基本なのか

黄金比を美とする感覚からすれば、正方形は収まりがよくない。カチッとしすぎている。それよりは「1対1・6」＝「5対8」の長方形のほうが美しいという感覚である。ところが日本では、いたるところに正方形が出現する。

銀閣寺東求堂《とうぐどう》の「同仁斎《どうじんさい》」は、8代将軍・足利義政《あしかがよしまさ》が静かな時間を過ごした書院造りの和室として有名だが、一説には4畳半という正方形の間取りの元祖と言われる。また草庵茶室の原形であるともいう。茶の湯を確立した千利休《せんのりきゅう》が、豊臣秀吉《とよとみひでよし》の命を受けて建てた茶室「待庵《たいあん》」は2畳敷きの正方形だ。

さらに茶室では「炉《ろ》を切る」と言って、火を熾《おこ》すために畳を切り、床下に囲炉裏を備え付ける。この「炉」も正方形である。炉の切り方には8種類あり、「茶道八炉《さどうはちろ》」と呼ばれるが、平面図を並べてみると（39ページ）、正方形の整然たる美を感じずにはいられない。

なお、茶室の畳は京間（6尺3寸×3尺1寸5分）と決められている。

岡倉天心《おかくらてんしん》の『茶の本』（*The Book of Tea*）によれば、茶室の正方形は禅の心を反映したものであるという。

> わが国の偉大な茶人は、みな禅の修行者であった。そして禅の精神を生活の現場へ導入することを企てた。そういうわけで茶室は、茶の湯のその他の設備と同様、禅の教義を多く反映している。正統の茶室の広さは四畳半、十尺四方で、『維摩経《ゆいまきよう》』の一節によって定められている。
>
> （『茶の本』桶谷秀昭訳・傍点は筆者）

この引用にある「十尺四方」は、岡倉の原文では'ten feet square'となっている。つまり「10フィートの正方形」のことで、これを「方丈《ほうじょう》」と訳す場合もある。「方丈」とは、35ページの度量衡換算にも示した1丈（10尺＝約3m）を2乗したもの、つまり「1丈四方＝約9㎡」のことだ。

辞書には、方丈とは「寺の中にある住持《じゅうじ》の居所。転じて住持。住職」（『岩波国語辞典』）とある。

それは岡倉も述べているように、大乗経典の『維摩経』に登場する主人公、維摩居士《こじ》（維摩詰《きつ》、ヴィマラキールティ）の居室が1丈四方だったことに由来する。

維摩居士は、曼珠師利《まんじゅすーり》（文殊菩薩《もんじゅぼさつ》）と仏陀《ぶっだ》の弟子8万4000人とを、自らの狭い部屋に迎えたという。物理的にはまるで不可能なことだが、この寓話は4畳半の方丈に全宇宙があるとの考え方を表わしているようだ。茶室は宇宙なのである。

■暮らしの中の正方形

日常では、枡《ます》、折り紙、風呂敷など、それこそ私たちは正方形に囲まれて暮らしている。そして、それらは豊かな機能性という共通点を持つ。

体積を量《はか》る枡は、豊臣秀吉の太閤《たいこう》検地によって「1升《しょう》＝10合《ごう》」とされて以降、江戸寛《かん》

《「炉」の切り方（茶道八炉）》

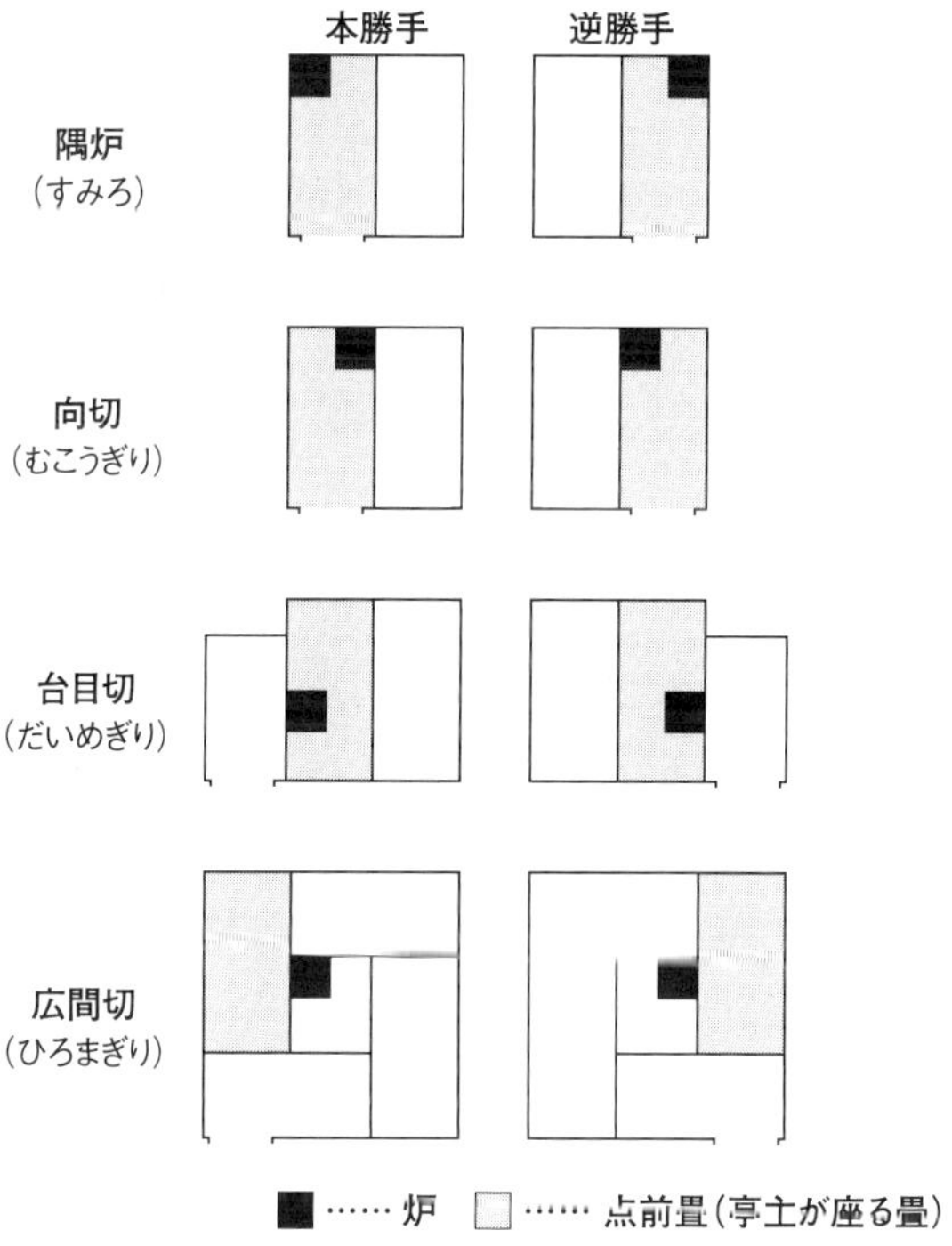

茶室の基本は亭主が点前をする「点前座」（てまえざ）と、客が座る「客座」（きゃくざ）で構成され、手前座の畳を手前畳と言う。炉は点前座と客座の位置関係を決定する重要なポイントとなり、その配置は上図のように８種類ある

文《ぶん》年間には現代とほぼ同じ規格に統一されたと言われる。その規格とは「1升＝4寸9分×4寸9分×2寸7分」というものだ。この基準にしたがって、1合枡、5合枡、3勺枡など、さまざまな種類の枡が作られている。

直方体の体積が「縦×横×高さ」で求められることは小学校6年生で習う。枡の場合は、その「縦×横」すなわち底面が「4寸9分×4寸9分」の正方形となるわけだ。なお、1升が1・8㍑《トリッル》とされるのは日本酒などでお馴染みだが、メートル法換算を併記すると、41ページのようになる。

次に折り紙について言えば、起源にも諸説あり、洋の東西を問わず普及しているので日本独自のものとは断じきれない。ただし英訳する場合も「origami」と表記することから、浸透度および洗練度という点では、やはり日本が群を抜いているのではないか。

現在、市販されている折り紙は15㎝四方のものが多く、片面には色が付いている。この形式は明治以降に定着したものであるそうだ。戦前までは女学校などで、折り紙の折り方が作法教育に採り入れられていたともいう。

明治以前の江戸期では、第4章で述べる「数学ブーム」と相俟《あいま》って、広く人々が折り紙という幾何《きか》学を楽しんでいた。そうした伝統は現代にも受け継がれ、折り紙を教材とした

《1升が1.8リットルの基準》

1升＝4.9寸×4.9寸×2.7寸

＝64.827立方寸

≒(4.9×3.03㎝)^2×(2.7×3.03㎝)

≒1803.37立方㎝

≒1.8リットル

※1升＝1/10斗＝10合＝100勺《しゃく》

数学教育がさかんに行なわれているが、ここでは深く立ち入らない。

「日本折紙協会」のＨＰ（http://www.origami-noa.com/）によれば、最近では「不切《ふせつ》正方形一枚折り」（1枚の正方形の紙で、切り込みを入れることなく折ること）にこだわる愛好家が多いとのことだ。

ペーパークラフトとして発展した折り紙の世界では、正方形に限らず長方形や新聞紙を使い、複数の紙を組み合わせた作品も生まれている。

だが最後に立ち返るのは、やはり基本としての正方形なのである。

■風呂敷の数学

折り紙と同様に、風呂敷もきわめて数学的である。1枚の正方形の布で、直方体でも立方体でも球体でも、あらゆるものを合理的に包んでしまう。もしも風呂敷が長方形や三角形であったなら、これほどの機能性は持ち得なかっただろう。

そもそも、ものを包む道具である布が、なぜ「風呂敷」と名づけられたのか。

起源は飛鳥時代に遡《さかのぼ》る。奈良正倉院《しょうそういん》に保管されている「つつみ」が日本で最も古い風呂敷だ。宝物「御袈裟《おんけさの》つつみ袷《あわせ》」、「五色龍歯裏《ごしきりゅうしのつつみ》」などの収納具である。平安時代の記録には、衣類を包んだ「古路毛都々美《ころもつつみ》」の文字が見える。それが室町《むろまち》時代に入り、風呂との接点が生まれるようになった。

3代将軍・足利義満《よしみつ》が武将たちを京都に招き、大湯殿で接待した。この時、彼らは脱いだ衣服を家紋入りの絹布《けんぷ》に包んだ。他人のものと間違えないようにするためである。そして風呂あがりには同じ絹布を広げ、その上で身支度を整えたという。当時の風呂は、湯を張らない「蒸《む》し風呂」で、床に簀《す》の子《こ》や布を敷くのが一般的だったのである。ここに「風呂敷」という名称の発露を見ることができる。

とはいえ、日本人が「風呂敷」を一般名詞として用いるのは、江戸時代になってからの

《風呂敷はあらゆるものを包む》

二つ結び(相対する隅が結べない場合)

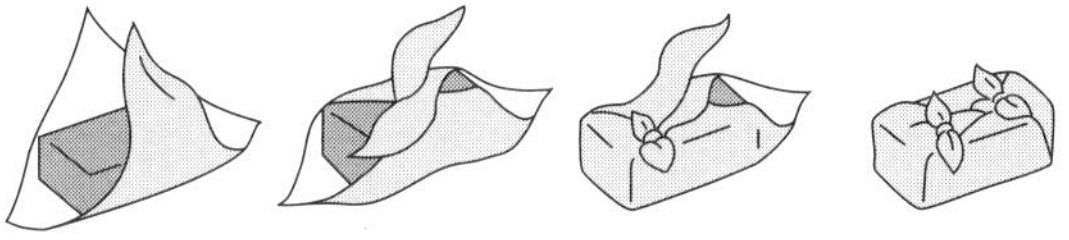

品物を中央に置く→対角を交差させる→隣りあう角を結ぶ→結び目が二つできる

すいか結び(球形のものを包む場合)

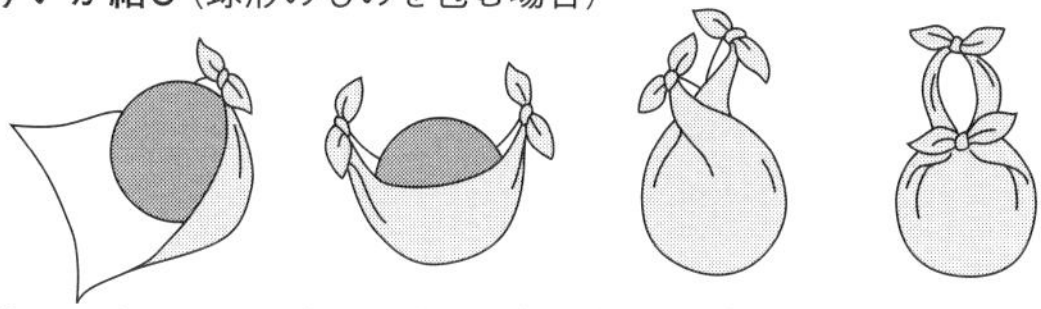

隣りあう角をそれぞれ結ぶ→一方の結び目に他方の結び目をくぐらせて引く

瓶包み(液体が漏れないように)

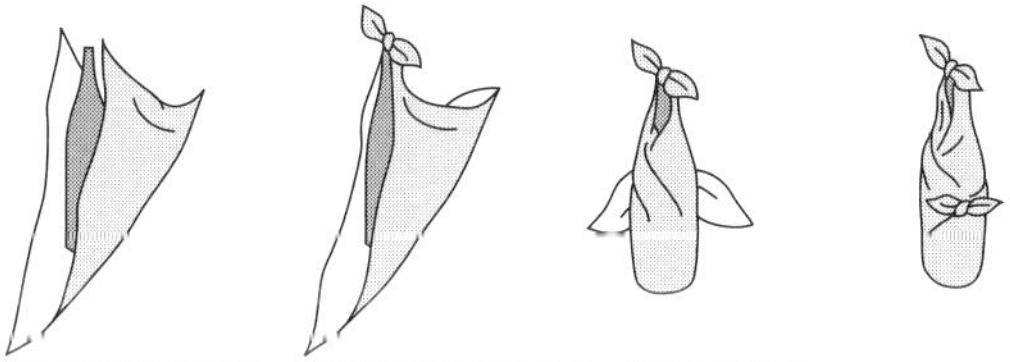

対角を瓶の真上で結ぶ→別の対角を交差させる→瓶の前で結ぶ

ことである。それは銭湯の普及によるところが大きい。江戸の庶民は手拭《てぬぐ》いや浴衣《ゆかた》などの湯道具を「風呂に敷くような四角い布」に包んで銭湯に通った。そこでそのような布を「風呂敷包み」と呼ぶようになり、やがて「風呂敷」と略されたというのである。

それ以後、風呂敷は商人たちの間でも活用され、同時に贈答や婚礼などの場面でも、持ち前の実用性を発揮するようになった。この正方形の布に日本人の「ものを包む」知恵が詰め込まれているのも、1200年余の歴史を有すればこそなのだろう。

風呂敷の基準寸法は、着物の反物の左右幅と同じ「1幅《はば》」で、鯨尺《くじらじゃく》の9寸（約34㎝）である。

鯨尺とは先に紹介した曲尺と異なり、主として着物の仕立てに用いる。鯨尺の1尺は曲尺の1尺2寸5分（曲尺1尺＝鯨尺8寸）に相当するが、この差異が生じたのは用途の違いによるらしい。

つまり、繊維および人体用（鯨尺）と、木材用（曲尺）、それぞれの性質や形状に適合させるためであった。

■法隆寺の中にある「1対$\sqrt{2}$」

正方形の1辺の長さを「1」とした時、対角線が「$\sqrt{2}$」になることは前述した。また「1対$\sqrt{2}$」を「白銀比」と呼ぶことも述べた。その白銀比を端的に用いた有名な古建築がある。斑鳩寺《いかるがでら》こと法隆寺だ。

すでに多くの専門家が指摘しているが、法隆寺の基本設計には「1対$\sqrt{2}$」が採り入れられているという。このことは当の法隆寺の観光ガイドでも解説されることがあり、整理すると以下のようになる。

①　五重塔の庇《ひさし》（最上層対最下層＝1対$\sqrt{2}$）
②　金堂《こんどう》正面の幅（上層対初層＝1対$\sqrt{2}$）
③　西院伽藍《さいいんがらん》の回廊（南北対東西＝1対$\sqrt{2}$）

五重塔と金堂を擁《よう》するのが西院伽藍だ。その回廊は現在、北側の講堂まで延び凸形になっているが、創建時は塔と金堂を囲む長方形だった。47ページの図で示したように見事なまでの白銀比が現われている。加えて言えば、真上から見る五重塔は「正方形」である。

現存する最古の木造建築物である法隆寺に、「日本の黄金比」たる白銀比が見られていることは非常に興味深い。白銀比が法隆寺の日本的美しさを生み出しているのではないだろうか。東北大学の田中英道《たなかひでみち》教授は、法隆寺の設計思想が日本独自のものであるとして、次のように述べている。

法隆寺に関していえば、伽藍配置にせよ、個々の建築にせよ、独自のものです。四天王寺様式のような、中国の様式をただそのまま借りてきたものではありません。そもそも五重塔の造形そのものが日本独自のものです。中国の塔は、ずんぐりとした石づくりのものがほとんどですから、木でつくったということ自体が、日本独自の技術に基づくものです。こういうことまで中国から来たと思っている人もいるかもしれませんが、これは日本の創造です。

（『法隆寺とパルテノン』）

余談になるが、聖徳太子と二人の皇子を描いたと伝えられる肖像画にも白銀比が用いられているという。皇子の身長を「1」とすると、聖徳太子が「$\sqrt{2}$」になる。

《法隆寺に現われる白銀比》

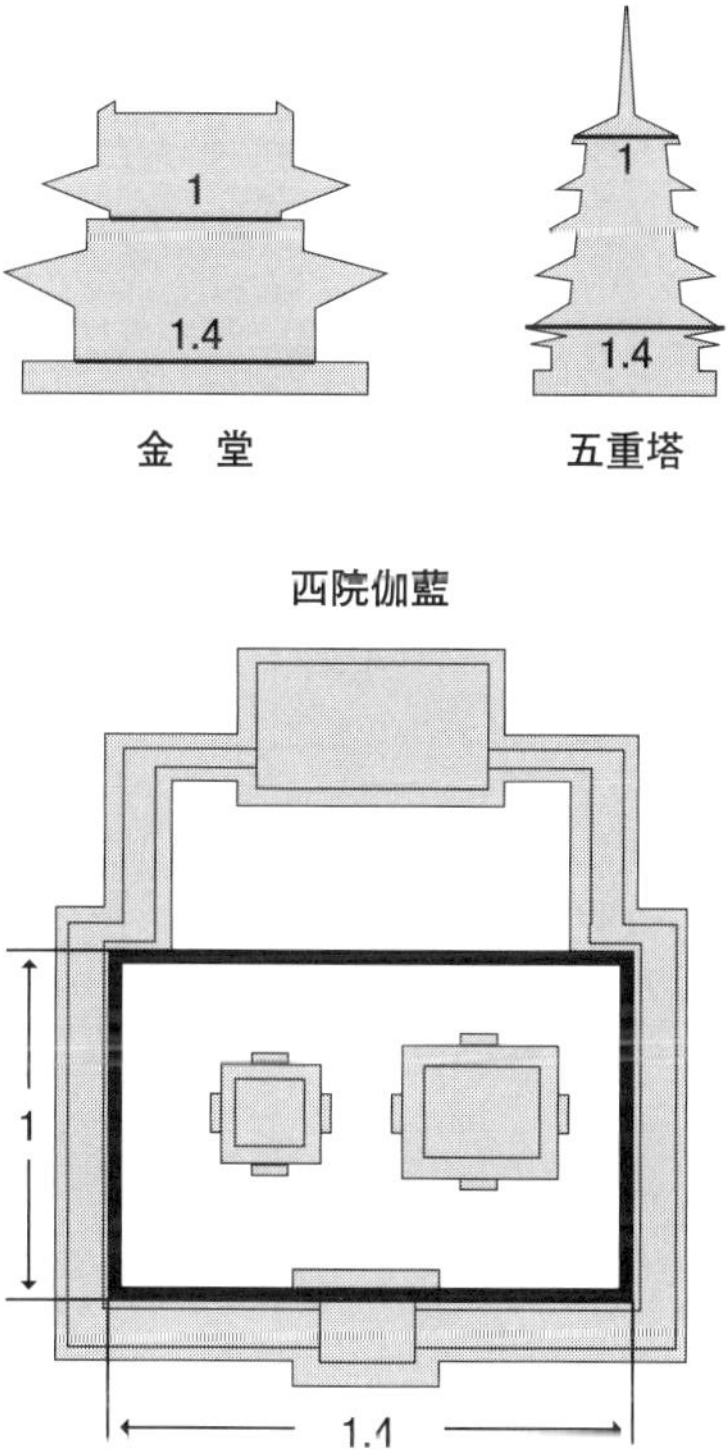

西院伽藍の回廊は当初、長方形（平面図で見た場合）だった。
凸形になったのは江戸時代で、大講堂につなげたため

また時代こそ違え、日本の代表的な風景画と美人画にも白銀比を発見することができる。室町後期の雪舟等楊《せっしゅうとうよう》と江戸中期の菱川師宣《ひしかわもろのぶ》、二人の作品である（49ページ）。

中国で水墨画を学んだ雪舟は、帰国後「画聖」と讃《たた》えられるほど日本の絵画に絶大なる影響を与えた。一方の菱川師宣は、浮世絵の開祖とされる。ここに掲げるのは、ともに両者による有名な作品だが、随所に「1対$\sqrt{2}$」が見てとれる。

■「相似《そうじ》」を生みだす数、$\sqrt{2}$

今、私たちに最も身近な白銀比はA4判の用紙だろう。横と縦の比が「1対$\sqrt{2}$」になっている。

A4の用紙は縦を半分に折るとA5になる。この時、縦横の比率は白銀比のままで、たとえばA4とA5を角をそろえて重ねると、対角線も重なる。これはA4とA5が相似であることを意味している。相似を作り出す数が$\sqrt{2}$なのだ。

半折りを続けても相似になる比率、それが1対$\sqrt{2}$である。A4の縦（297㎜）を横（210㎜）で割り算すると、1・41428……になる。$\sqrt{2}$は1・41421356……だから小数点以下第4位まで合致していることに驚かされる。

《日本美術と白銀比》

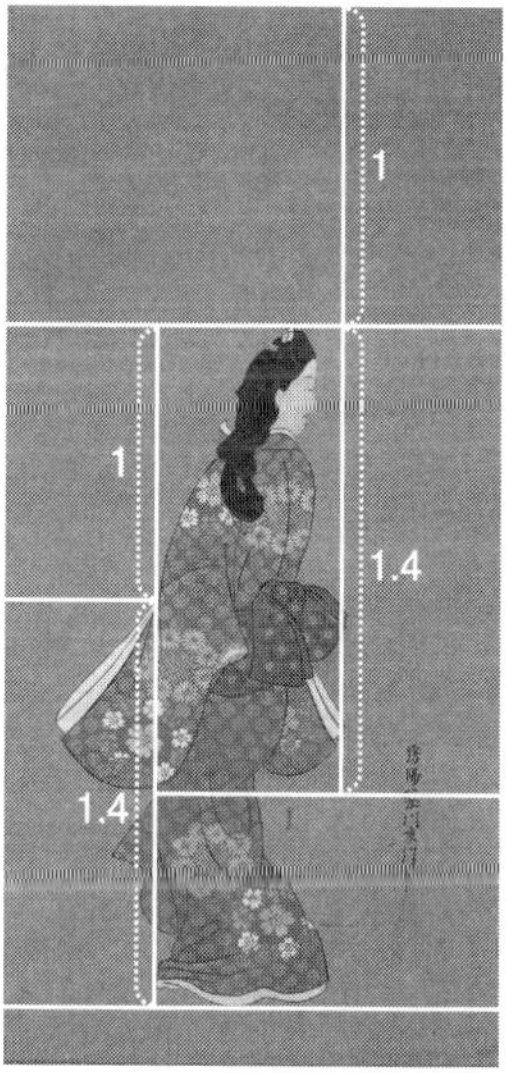

菱川師宣「見返り美人図」　雪舟「秋冬山水図」（国宝）

15世紀の雪舟、17世紀の菱川、ともに作品には「1：$\sqrt{2}$」が見える用紙の専門用語で「Ａ列」と呼ばれるＡ判は、「Ａ０《ゼロ》」から始まる。Ａ０は縦の長さが１１８９㎜、横が８４１㎜だ。計算してみれば分かるが、面積は０・９９９９４９㎡。要するに１㎡になる。きわめて絶妙な数である。

このＡ０を基点として半分にしてゆく数列を編み出したのは、色彩理論で有名なドイツの化学者、ウィルヘルム・オストワルトである。彼は１９０９年にノーベル化学賞を受賞しているが、哲学者でもあった。オストワルトの考案したＡ判は、後にドイツ工業院の規格となる。

Ａ０の寸法が絶妙である所以《ゆえん》は、その面積がちょうど１㎡であることと、限りなく半折りを続けても、必ず相似形になるということである。なぜなら、出発点であるＡ０の寸法をいい加減な数にすれば、どこかで問題が生じるからである。日常で最も使う場面の多いＡ４を２１０㎜×２９７㎜にするためには、Ａ０が８４１㎜×１１８９㎜でなければならなかった。Ａ４を基準にＡ０を決めていったとも言えるのである。

さらにＡ４で注目されるのは、縦が奇数（２９７㎜）なのに対し、横は偶数（２１０㎜）であり、１０５㎜に等分できるということだ。縦と横、どちらが優位かの問題は残るかもしれないが、Ａ４の用紙は主として縦位置で使う。

《A4の縦横比$\sqrt{2}$を確認する方法》

①A4用紙を2枚用意する

②1枚を下のように折り、もう1枚と合わせる

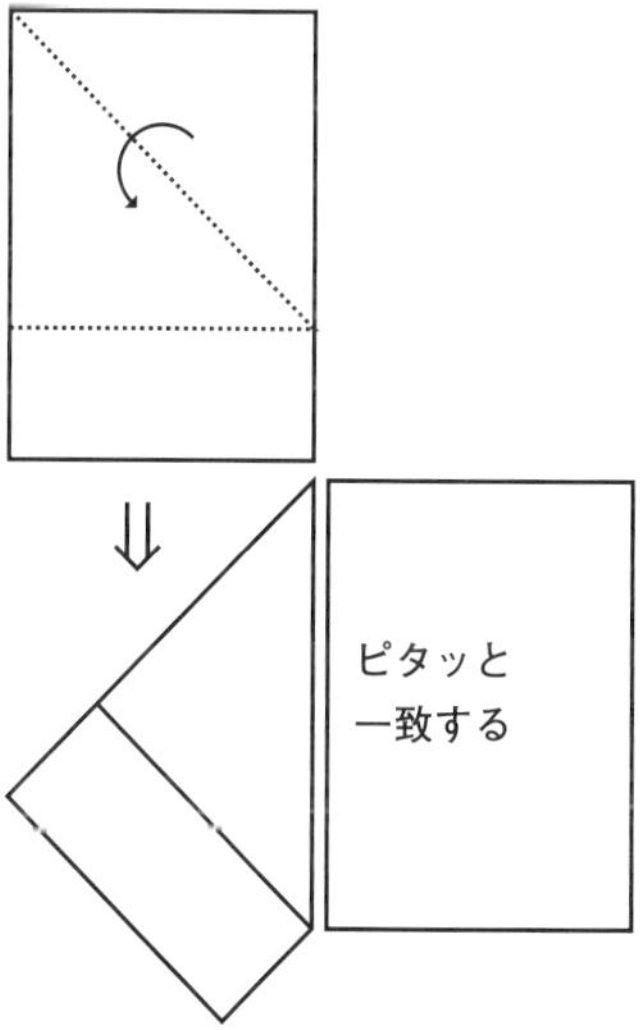

③折り目の長さは、もう1枚の縦の長さと一致する

※A4用紙の横(210mm)を1とすれば、②の折り目は正方形の対角線となるから、$\sqrt{2}$である。
したがって、縦の長さも$\sqrt{2}$であることが分かる

■伝統的和紙にも「$\sqrt{2}$」があった

ドイツ生まれのA判規格は1929（昭和4）年、そのまま日本に導入され、後に日本工業規格（JIS）となった。

一方、A判と同じく現在の私たちがよく使うB判は、面積がA判の1・5倍になるように、同じ1929年、大蔵省印刷局によって定められた規格である。すなわちA0の1㎡に対し、B0を1・5㎡としたのだ。その理由については、和紙の歴史を簡単に振り返らなければならない。

B0の寸法は1030㎜（横）×1456㎜（縦）であり、比は「1対$\sqrt{2}$」の白銀比となる。また面積比が「1対1・5」ということから、A判とB判の各1辺は「1対$\sqrt{1.5}$」になることも分かる。

興味深いのは、B判の源流が江戸時代、公用紙に使われた美濃《みの》紙にあるということだ。美濃紙の代表的寸法「美濃判」は、徳川御三家専用とされたが、横が9寸（約273㎜）で縦が1尺3寸（約393㎜）の「1対$\sqrt{2}$」である。やがて江戸時代が終わり明治になって、美濃判は一般庶民に普及し、全国標準となる。

この美濃判を面積で8倍にしたものが「大八《おおや》ツ判」で、イギリスから輸入した用紙の寸法に比例させたと言われる。横2尺6寸（約788mm）×縦3尺6寸（約1091mm）だった。

さらに大八ツ判を32分割すると、横4寸2分（約127mm）×縦6寸2分（約188mm）の紙が無駄なく取れ、書籍用紙の代表的寸法となった。「4寸×6寸」から「四六判」と呼ぶ。四六判の寸法を見て、何か気づかないだろうか。

これは「B6」（128mm×182mm）にきわめて近い値なのだ。とても偶然とは思えない、絶妙な値である。つまり、1929年にB判という新しい規格を定めるにあたっ

《A判の寸法》

	横	縦
A0	841	1189
A1	594	841
A2	420	594
A3	297	420
A4	210	297
A5	148	210
A6	105	148
A7	74	105
A8	52	74
A9	37	52
A10	26	37

(mm)

て、日本は自らの伝統的寸法をも考慮に入れた。いやむしろ、伝統的寸法の近似値を求めるべくして、新しい規格を定めたと言ってよい。B判の源流が美濃紙にあるとされるのは、こうした経緯によるのである。

はたして、日本人は白銀比1・4（相似比）と1・5（面積比）の二つの比を使うことで、A判とB判の混在という、全体として機能的な用紙の規格を生み出したのである。

■「形」で本質を表現する日本人

古来、日本人は「$\sqrt{2}$」という概念を持って生きてきたわけではない。「$\sqrt{2}$」はあくまでも西洋の数学が用いた一つの言い方にすぎない。根号《こんごう》「√《ルート》」を最初に考案、使用したのは16世紀のドイツの数学者、クリストフ・ルドルフ（Christoff Rudolff）である。

今、私たちは「$\sqrt{2}$」をあたかも母国語のように用い、「平方根」という言葉も使っている。だが、その「平方根」は「ルート（root）」の訳語、すなわち「根」から発案されたものだ。同時に、「1・41421356……」もアラビア数字による表記方式である。

考えてみてほしい。いきなり「1・414」と言われても、その実態は何のことなのか、よく分からないのではないだろうか。

それよりも、円と内接する正方形を描いて「この円の直径です」「この正方形の対角線です」と示したほうが、圧倒的に分かりやすく、誰にでも通じる。円と正方形を使えば、√2も自然な数として受け入れられる。日本人は形を的確に捉えて、本質を表現するのである。

繰り返そう。

円の中に正方形を描き、その対角線を引く。するとそこに「√2」という数が現われる。それをアラビア数字で表記すると「１・４１４２１３５６……」という無理数（分数で表わせない数）になる。無理数の面白いところは「無限」を含むことだが、要は√2は数としては小数点以下が無限に続いてゆく。

しかし、正方形の対角線は閉じていて有限である。同じく、円は円周率により、直径を「１」と決めた時、円周が「３・１４１５９２６５……」と小数点以下が無限につづく無理数になるが、コンパスで描いてみれば分かるとおり、形としての円自体は閉じていて有限である。

丸太という円から切り出した角材は正方形だった。それは丸太を無駄なく、最も合理的に利用するために見出した形だった。自然の恵みである樹木は有限の存在である。その有限の中に、日本人は無限なるものを見ていた。

第2章

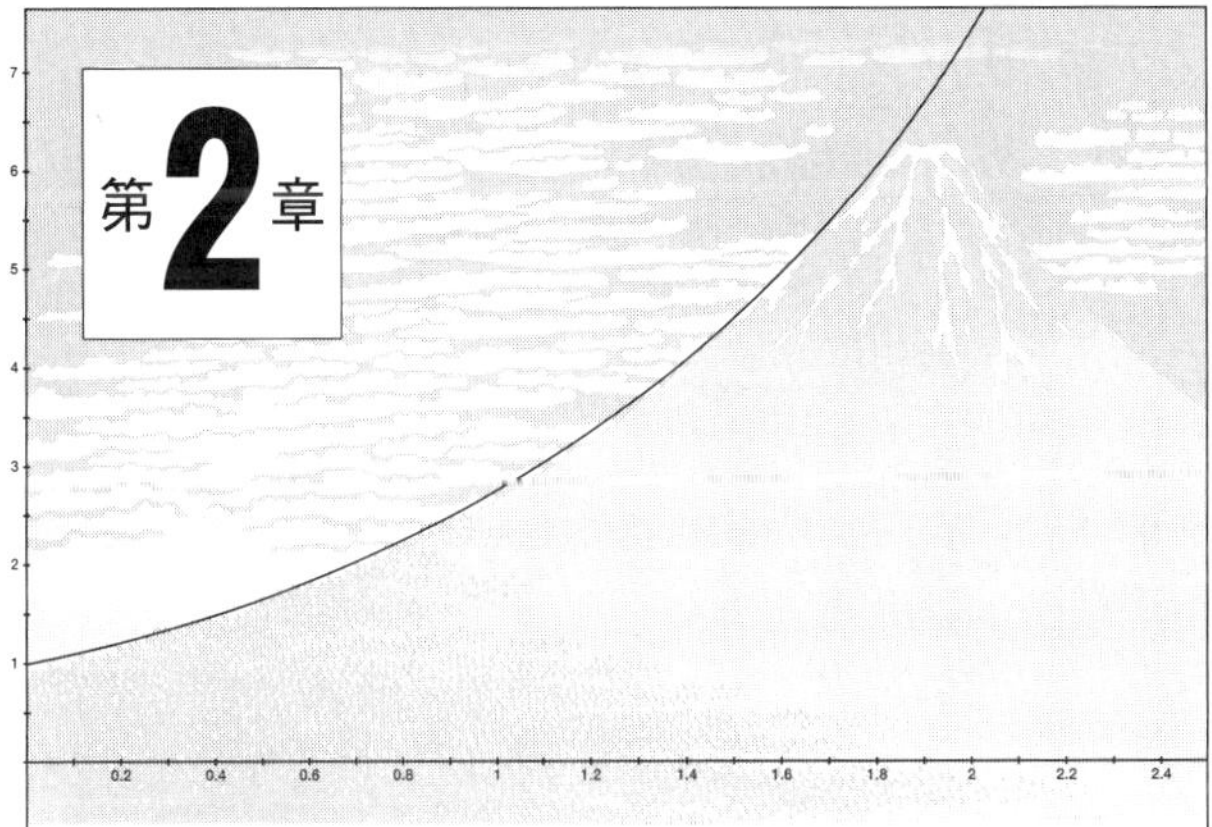

黄金比が描く「動」 白銀比が示す「静」

数が明らかにした ヨーロッパと日本の感性の違い

■ピラミッド、ミロのヴィーナスと「1対1・6」

16ページで触れたとおり、ピラミッド、パルテノン神殿、ミロのヴィーナスなどに見られる「黄金比」は、日本の「白銀比」に対して西洋の美を象徴する数と言える。おさらいすると、白銀比は「1対√2（1・4）」、黄金比は「1対1・6……」だ。「5対8」と置き換えてもよい。数式では次のように表わされる。

クフ王のピラミッドは、２３０ｍの底辺と１４６ｍの高さを持つ、傾斜角52度の四角錐《すい》である（現在は崩落などによって、実寸はこの数値よりも小さい）。縦半分に割った断面図は二等辺三角形となる。

さて頂点から垂直に線を降ろし、底辺を2等分すると、２３０÷２＝１１５ｍ。ここから１１５ｍ（底辺）×１４６ｍ（高さ）の直角三角形が見て取れる。また斜面の長さ、つまり直角三角形の斜辺は１８５ｍであることが分かる。

すると、「底辺」（１１５ｍ）対「斜辺」（１８５ｍ）の比は「１対１・６」を示す。そう、これこそがピラミッドの黄金比である。

「横たわるオダリスク」で有名なフランスの画家、ドミニク・アングルは「新古典主義最後の巨匠」とも称される。彼が36年の月日を費《つい》やして制作した作品「泉」（１８５６年完

《黄金比の数式》

$$1 : \frac{1+\sqrt{5}}{2}$$

$$=1 : 1.618033988\cdots\cdots$$

《ピラミッドの黄金比》

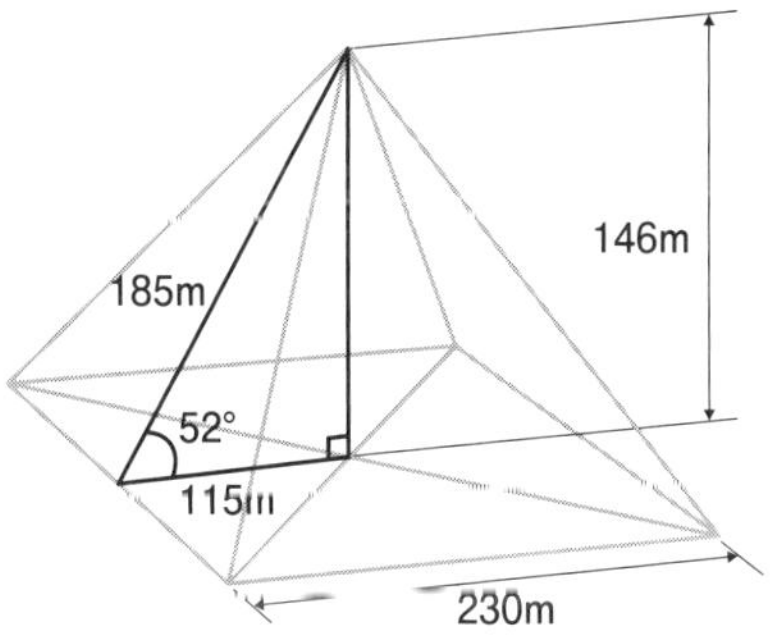

$115 : 185 = 1 : 1.60\cdots\cdots$

成。オルセー美術館蔵）を見ると、裸婦の頭頂から臍《へそ》までの長さに対し、臍から爪先《つまさき》までの比が「5対8」の黄金比を示していることが分かる。

同じように、ミロのヴィーナスも「頭頂↓臍」対「臍↓爪先」は「5対8」だ。またこの彫刻には、さらに顔の縦横や胸部と腰回りの左右幅など、他にも黄金比が見られるという指摘もある。アクロポリスの丘に立つパルテノン神殿は、正面から見た縦（高さ）と横（左右）が黄金比となる「黄金長方形」である。

■『ダ・ヴィンチ・コード』にも登場する「黄金比を導く数列」とは

ではなぜこの比率が美しく、ことに西洋において「神聖なる数」「神の比率」と崇《あが》められてきたのか。数学的に解くとどうなるのか。

かのダン・ブラウン著『ダ・ヴィンチ・コード』をお読みになった（あるいは映画をご覧になった）方であれば、主人公のロバート・ラングドン教授が「1・618」という数字を板書《ばんしょ》し、ハーヴァードの学生たちに黄金比を解説するシーンを覚えておいでだろう。

「そう！」ラングドンは言った。「いい質問だ」スライドをもう1枚映す。黄ばんだ

《西洋の美を象徴する黄金比》

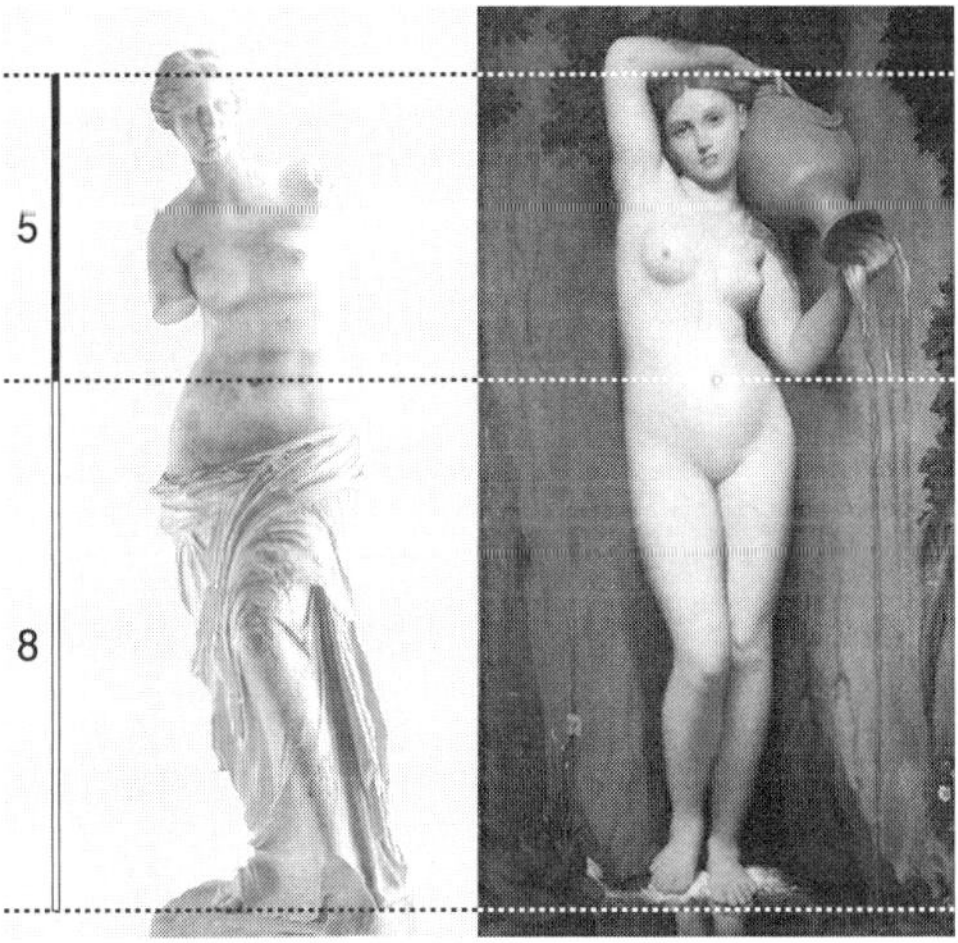

ミロのヴィーナス　　アングル「泉」

パルテノン神殿

黄金比[5：8＝1：1.6]が、いたるところに使われている羊皮紙に、レオナルド・ダ・ヴィンチによる名高い男性裸体画が描かれている。〈ウィトルウィウス的人体図〉。題名のもとになった古代ローマの著名な建築家マルクス・ウィトルウィウスは、その著書『建築論』のなかで神聖比率を賛美している。

「ダ・ヴィンチは人体の神聖な構造をだれよりもよく理解していた。実際に死体を掘り出して、骨格を正確に計測したこともある。人体を形作るさまざまな部分の関係がつねに黄金比を示すことを、はじめて実証した人間なんだよ」

教室内の全員が半信半疑の面持ちを見せた。

（『ダ・ヴィンチ・コード』越前敏弥訳）

この時、ラングドン教授は黄金比を導き出す一つの数列を紹介する。

フィボナッチ数列――。

「1」から始め、次に「1」を置く。「1」と「1」を足すと「2」。「1」と「2」で「3」。「2」と「3」で「5」。「3」と「5」で「8」。「5」と「8」で「13」……と、隣りあう2項の和《わ》が、次の項の値《あたい》と等しくなる数列。それがフィボナッチ数列である。

13世紀イタリアの数学者、レオナルド・フィボナッチ（Leonardo Fibonacci）が発表した

《フィボナッチ数列》

1, 1, 2, 3, 5, 8, 13, 21, 34, 55, 89, 144, 233, ……

ことから、この名が付いた。

ところがフィボナッチ自身は「黄金比」を表わそうとして、この数列を提起したわけではない。ではなぜ、フィボナッチ数列が、ラングドン教授も用いたように「黄金比を導き出すもの」として世に名高いのだろうか。

■フィボナッチの「ウサギの問題」

フィボナッチは１２０２年、幾何学・数論の大著『算盤《さんばん》の書』をラテン語で著わした。

日本で言えば鎌倉時代のことだが、全15章からなる同書はインド・アラビア数字をはじめてヨーロッパに導入し、時の人々に多大な影響を与えた。

フィボナッチ数列が登場するのは、その第12章に書かれた「ウサギの出生率に関する数学的解法」、通称「ウサギのつがいの問題」である。

どのような問題なのか。フィボナッチによる出題は、65ページのようなものだった。まず最初に、ウサギ小屋に雌雄1つがいのウサギを放り込む。このカップルは成長すると必ず毎月、1つがいの子どもを産んで生きつづけると決める。同じように、カップルから産まれた1つがいの子どもが、また1つがいを産み、生きつづける。

こうして親、子、孫……が一定間隔で1つがいずつ産んでゆくと、12カ月後のウサギ小屋には何つがいのウサギがいることになるか――という問題を、フィボナッチは出したのである。

解答の一助となるように、66ページの図で考えてみよう。
1、1、2、3、5、8、……の数列が見えてくる。最近の数学の授業では、ウサギ2羽で1対を意味する「つがい」という表現が混乱を招くため、細胞分裂などを例に挙げ、単体の増殖として解説することもあるようだ。
さて先に答えを記しておくと、12カ月後には「233」になるのだが、ここには67ペー

《ウサギのつがいの問題》

雌雄1つがいのウサギが産まれた。
ウサギは満2カ月目に子を産み、
以後、毎月雌雄1つがいを産む時、
最初の1つがいは1年の終わりには
何つがいほどになるか。

ジのような非常にシンプルなルールが発生する。

n番目の項の数を a_n として、もう一度フィボナッチ数列を見てみることにする。

1（a_1）、1（a_2）、2（a_3）、3（a_4）、5（a_5）、8（a_6）、13（a_7）、21（a_8）、34（a_9）、55（a_{10}）……。

n番目の数に次の数を足す、その繰り返しである。この時、突如として黄金比が登場するのだ。

結論から言えば、隣りあう2項間の比が「黄金比＝約1・6」になる。象徴的なのは a_5 と a_6、すなわち5と8だ。8÷5で、ちょうど1・6である。

隣の項はどうか。13÷8＝1・625に

《ウサギが繁殖しつづけると》

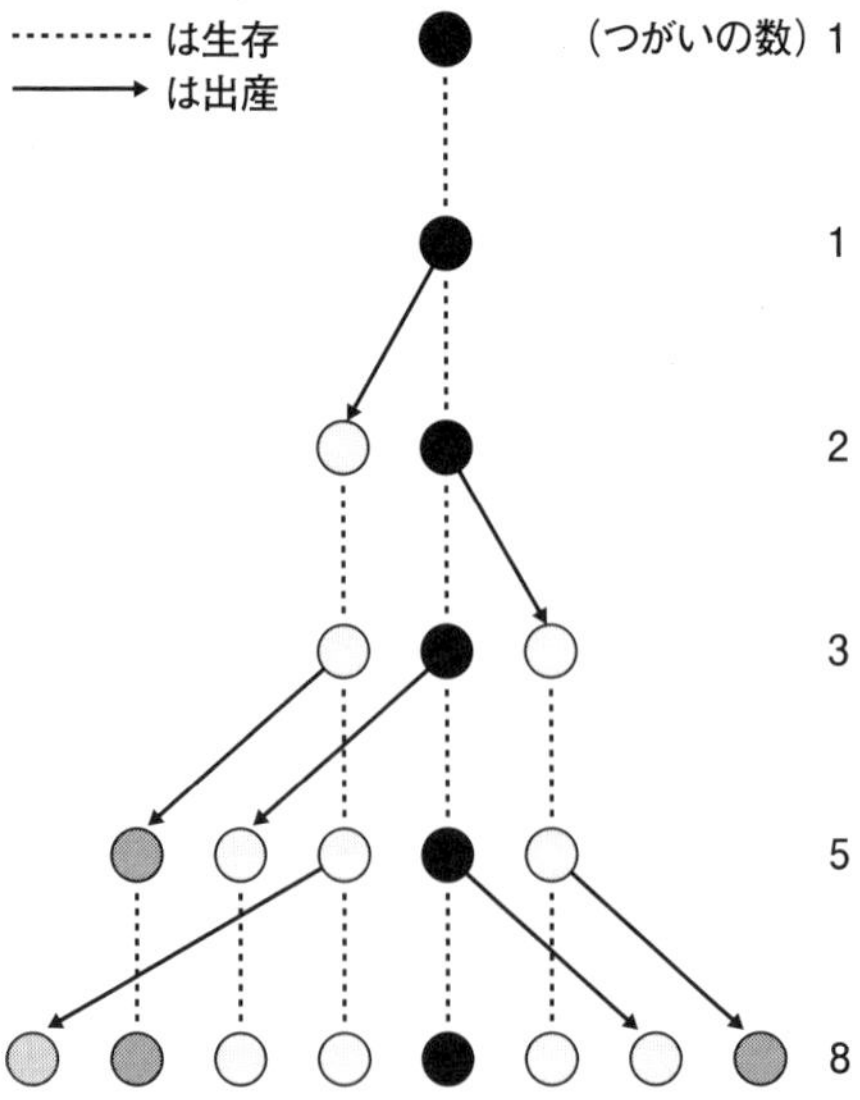

《フィボナッチ数列$\{a_n\}$の漸化式《ぜんか》》

$$\begin{cases} a_1=1,\ a_2=1 \\ a_{n+2}=a_{n+1}+a_n \quad (n \geqq 1) \end{cases}$$

なる。その次は、21÷13＝1・615。そして34÷21＝1・619。さらに55÷34＝1・617。

実は、これが理論的にはどんどん「ある数」に近づいてゆく。それが黄金比なのである。

■出題者自身も完全には解けなかった

ただし前にも述べたように、フィボナッチ自身は黄金比には辿《たど》り着いていない。フィボナッチが「ウサギのつがいの問題」を提示したのは、おそらくシンプルな数列に潜むルールの難しさを求めてのことと思われる。

なぜなら「12カ月後のウサギのつがいの

数」は、アルゴリズム（算法）にしたがえば計算できる。しかし、たとえば「1000カ月後」となると、当のフィボナッチにもすぐには解けなかった。

フィボナッチ数列を解いたのは、ルネサンス期の数学者（修道士でもあった）ルカ・パチオリ（Luca Pacioli）である。「複式簿記の祖」と呼ばれるルカは、レオナルド・ダ・ヴィンチの友人としても知られ、論文『神聖比例』などを著わした。神聖比例とは黄金比のことである。

数学的な表現を許していただけば、「関数fを用いて数列の各項が帰納的に定められる時の関数f」を「漸化《ぜんか》式」と言うが、ルカの黄金比に対する研究によって、フィボナッチ数列の漸化式、すなわち71ページに掲げる「$F_{n+2}=F_{n+1}+F_n$」は成立に至る。

ちなみに漸化式の「漸」とは「ようやく」とか「じわじわ」という意味で、文字自体は木の車に斧《おの》を入れてできた隙間《すきま》に、水が「じわじわ」しみ込むことを表わしている。漸化式はじわじわ数列がわかっていく様《さま》を表わしているのだ。

■「黄金比に近づく」ことの証明

フィボナッチ数列の2項間の比が、なぜ「理論的に」黄金比に近づくのか。それは、こ

《数列の比は「ある数」に近づいてゆく》

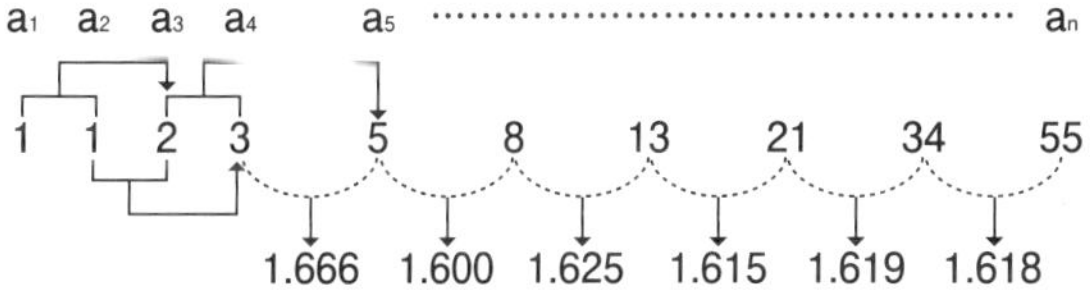

フィボナッチ数列で、隣りあう2項間の比は「約1.6」になる

レオナルド・フィボナッチ

の漸化式を解くことで証明される。この時「縮小写像」とか「不動点」「収束」といった用語が使われるのだが、難しい話は抜きにしたい。ごく簡単に説明すると、漸化式を71ページのように二次方程式にして解くのである。

再度示すが、黄金比を表わす数式は、「$1+\sqrt{5}$」を2で割ったもの、すなわち「1・618033988……」だった。

以上のように、漸化式を解くことで、フィボナッチ数列の「究極の2項間の比」が黄金比であることは証明される。

ところで数学における「証明」とは、簡単に言えば、ある「仮定」のもとに「結論」を導き出すことだから、そこには、事前に認められた一つの「結論」がなければならない。つまり「フィボナッチ数列の2項間の比は黄金比に近づく」ことが、この場合の「結論」であり、突き詰めれば黄金比が「1・618033988……」であることが大前提となる。

今、私たちは「黄金比＝1・618033988……」を周知のこととしているが、これをはじめて数学的に捉えたのは古代ギリシアのユークリッド（Euclid）と言われている。なんと、紀元前3～4世紀にまで時代を遡るのだ。

《フィボナッチ数から黄金比を求める》

フィボナッチ数列を表わす漸化式

$$F_{n+2}=F_{n+1}+F_n$$

両辺をF_{n+1}で割ると

$$\frac{F_{n+2}}{F_{n+1}}-1+\frac{F_n}{F_{n+1}}$$

2項間の比$\lim_{n\to\infty}\frac{F_{n+1}}{F_n}=x$が存在するとすると

$\lim_{n\to\infty}\frac{F_{n+2}}{F_{n+1}}=x$でもあるから、上の式から

$$x=1+\frac{1}{x}$$

両辺にxをかけて

$$x^2=x+1$$

整理して

$$x^2-x-1=0$$

解の公式より

$$x=\frac{1\pm\sqrt{5}}{2}$$

$x>0$だから

$$x=\frac{1+\sqrt{5}}{2}$$

これよりフィボナッチ数の比が黄金比に収束する。そして、初項を$F_1=F_2=1$とするフィボナッチ数列の一般項は黄金比を用いて次のように表わされる。

$$F_n=\frac{1}{\sqrt{5}}\left\{\left(\frac{1+\sqrt{5}}{2}\right)^n-\left(\frac{1-\sqrt{5}}{2}\right)^n\right\}$$

ユークリッド（ギリシア名はエウクレイデス）が著わした『原論』、いわゆる『ユークリッド原論』に「外中比《がいちゅうひ》」の名で登場するのが黄金比である。彼は次のような幾何学の問題を出した。

「ある線分を二つに分け、長いほう（a）を1辺とした正方形を作る。また短いほう（b）と全体の線分（AB）を辺に持つ長方形を作る。この時、それぞれの面積が等しくなるように線分を分けよ」

一読、問題の意味が理解しにくいかもしれない。まず線分ABを引いて考えてみよう。解答は73ページのようになる。

もっと単純に、線分を分割するだけの問題もある。黄金比はギリシア文字の「φ（ファイ）」で表わされることが多いのだが、74ページのような問題である。

これは先の問題の原型のようなものだ。示した図からも分かるとおり、75ページの解答が得られる。

いかがだろうか。

これまで、自明の理のごとく扱ってきた黄金比「φ」＝1・6180339 88……は、実は紀元前より見出されたものだった。そしてこの「φ」は、フィボナッチ数列に直

《ユークリッドの外中比（黄金比）の問題》

線分 AB を、a（長いほう）と b（短いほう）に分け、a を 1 辺とする正方形と、b と全体（AB）を各辺とする長方形を作る。

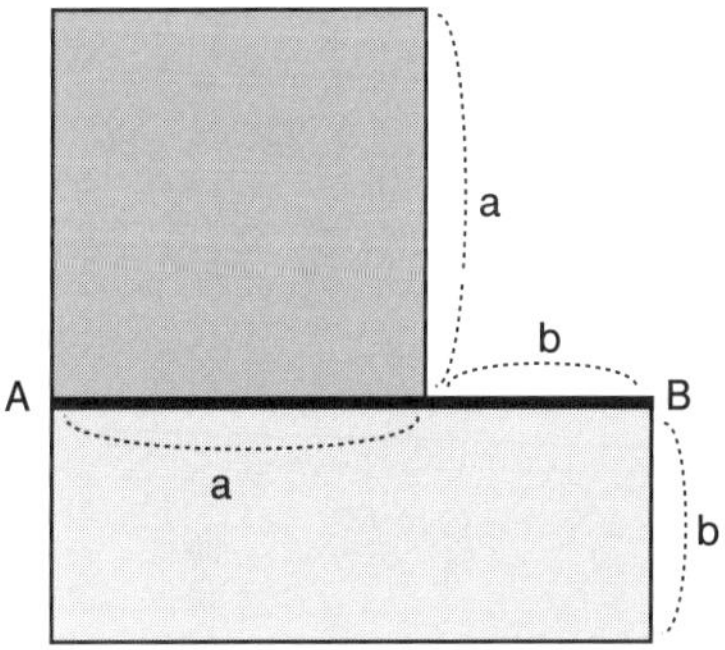

この時、正方形と長方形を同じ面積にするには、

$$a^2=b\times(a+b)$$

であればよい。この式を b^2 で割って整理すると、

$$\left(\frac{a}{b}\right)^2-\left(\frac{a}{b}\right)-1=0$$

$$\frac{a}{b}=\frac{1+\sqrt{5}}{2}$$

したがって線分 AB を $1:\frac{1+\sqrt{5}}{2}$ に分ければよい。

《線分を黄金比に分ける問題》

線分を、長い線分「ϕ」と短い線分1に分割する時、
$\phi : 1 = (1+\phi) : \phi$ となる分割点を求めよ。

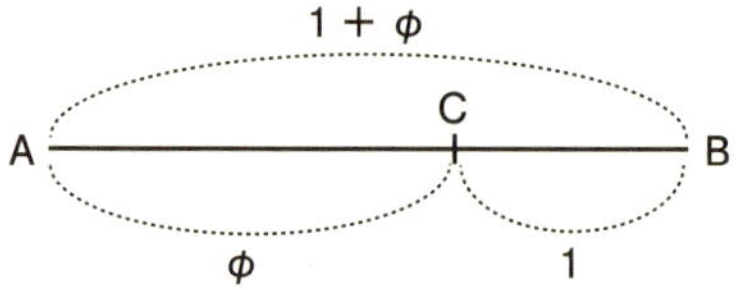

結していたということがお分かりいただけるだろう。

言い換えれば、フィボナッチ数列はダイレクトに黄金比で表現されるのである。

■黄金比から生まれる「形」とは

フィボナッチ数列「1、1、2、3、5、8、13、21、34……」からは、ある「形」が生まれる。それは「螺旋《らせん》」である。

手元に紙と筆記用具さえあれば、誰にでも描くことができる。その方法は、次のとおりである。

①辺の長さが「1」の正方形を、並べて二つ描く。

《線分を黄金比に分ける問題の解答》

$$AC:CB=AB:AC$$

$$\phi:1=(1+\phi):\phi$$

これより $\phi^2=1+\phi$

$$\phi^2-\phi-1=0$$

$$\phi=\frac{1\pm\sqrt{5}}{2}$$

$\phi>1$ より

$$\phi=\frac{1+\sqrt{5}}{2}$$

$$=1.618033988\cdots\cdots$$

②　次に①の正方形二つの辺を足した長さ（1＋1）＝「2」の正方形を、①の上に描く。

③　②でできた正方形の横に、今度は①と②の辺を足した長さ（1＋2）＝「3」の正方形を描く。

④　③でできた正方形の下に、②と③の辺を足した長さ（2＋3）＝「5」の正方形を描く。

⑤　同じようにして、正方形の1辺を足し算しながら、新たな正方形を次々に描いてゆく。

これがフィボナッチ数列の図形化の、いわば第一段階である。すなわち、右の手順の①はフィボナッチ数列の「1、1」に対応し、以下、②が「2」、③が「3」に、④が「5」に対応している。

さてここで、それぞれの正方形の辺を半径として、4分の1円を描き、順につなげてゆく。つまり半径が「1」「1」「2」「3」「5」「8」「13」……の4分の1円を、弧《こ》が連続するように描くのである。

すると、79ページの図のような「螺旋」が姿を現わしてくる。この螺旋を「フィボナッチ・スパイラル」もしくは「フィボナッチの渦巻き」などと呼ぶ。フィボナッチ数列という「数」から、螺旋という「形」が生まれるのだ。

黄金比に直結するフィボナッチ数列から螺旋が誕生することは、きわめて重大な意味を持つ。18世紀にスイスの数学者、ヤコブ・ベルヌーイ（Jakob Bernoulli）が「フィボナッチ・スパイラル」の謎を解き明かすのだが、その時ベルヌーイは欣喜《きんき》雀躍《じゃくやく》したという。

ベルヌーイは、自然界に見られるさまざまな螺旋を定式化した。これは「対数螺旋」と呼ばれ、数学的には78ページのように表わす。

詳細は省くが、つまるところベルヌーイは、対数螺旋が描く形と「フィボナッチ・スパイラル」がほとんど同じになることを発見し、大喜びしたのである。

両者をじっくりと見比べていただきたい。

ベルヌーイの喜びは、自然界の法則を数学で解明した、その一点に尽きると言ってよいだろう。［黄金比―フィボナッチ数列―螺旋］の連環が、ここに鮮やかに浮かび上がる。

ふたたび『ダ・ヴィンチ・コード』の一節。

「黄金比は自然界のいたるところに見られる」ラングドンはそう言って照明を落とした。「偶然の域を超えているのは明らかで、だから古代人はこの値が万物の創造主によって定められたにちがいないと考えた。古《いにしえ》の科学者はこれを〝神聖比率〟と呼んで崇めたものだ」

（同前）

黄金比と自然界。レオナルド・フィボナッチは「数列」を出題する際、黄金比には到達していなかったかもしれないが、いみじくも「ウサギのつがいの繁殖」を例示していた。

《対数螺旋　r = e^{θ}》

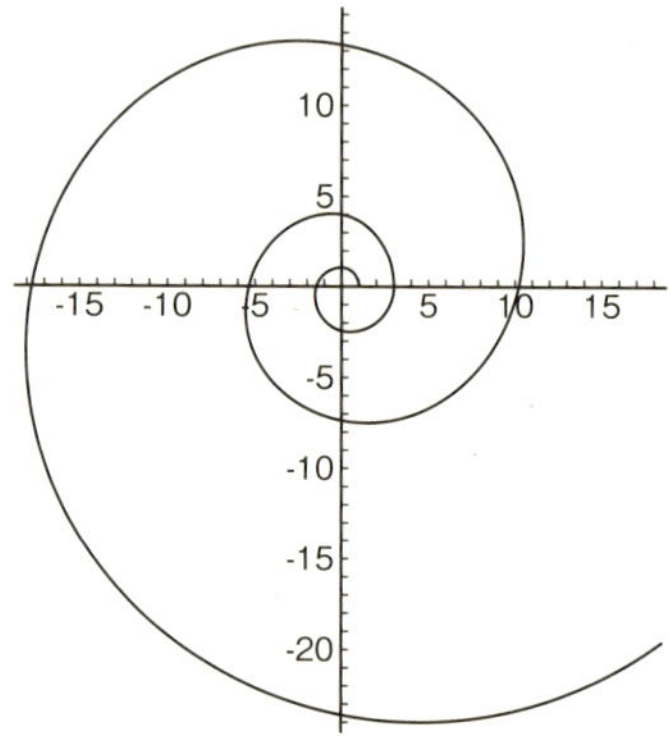

■自然界には「螺旋」があふれている

黄金比が描く螺旋と自然界との神秘的な結びつきを見るには、ヒマワリの種子（生物学的には『種子』ではなく『花』だそうだが、ここでは便宜的に『種子』で統一する）の付き方が格好の題材になる。

ヒマワリの花をよく観察すると、種子が時計回りと反時計回り、それぞれに渦を巻いて配列されていることが分かる。すなわち螺旋状の配列である。しかも、その螺旋の本数はフィボナッチ数列の「隣りあう2項」に一致する。たとえば時計回りの螺旋が55本の時、反時計回りは34本もしくは89本になるということが、数多くの観察結果から実証されている。

《フィボナッチ数列から「螺旋」が生まれる》

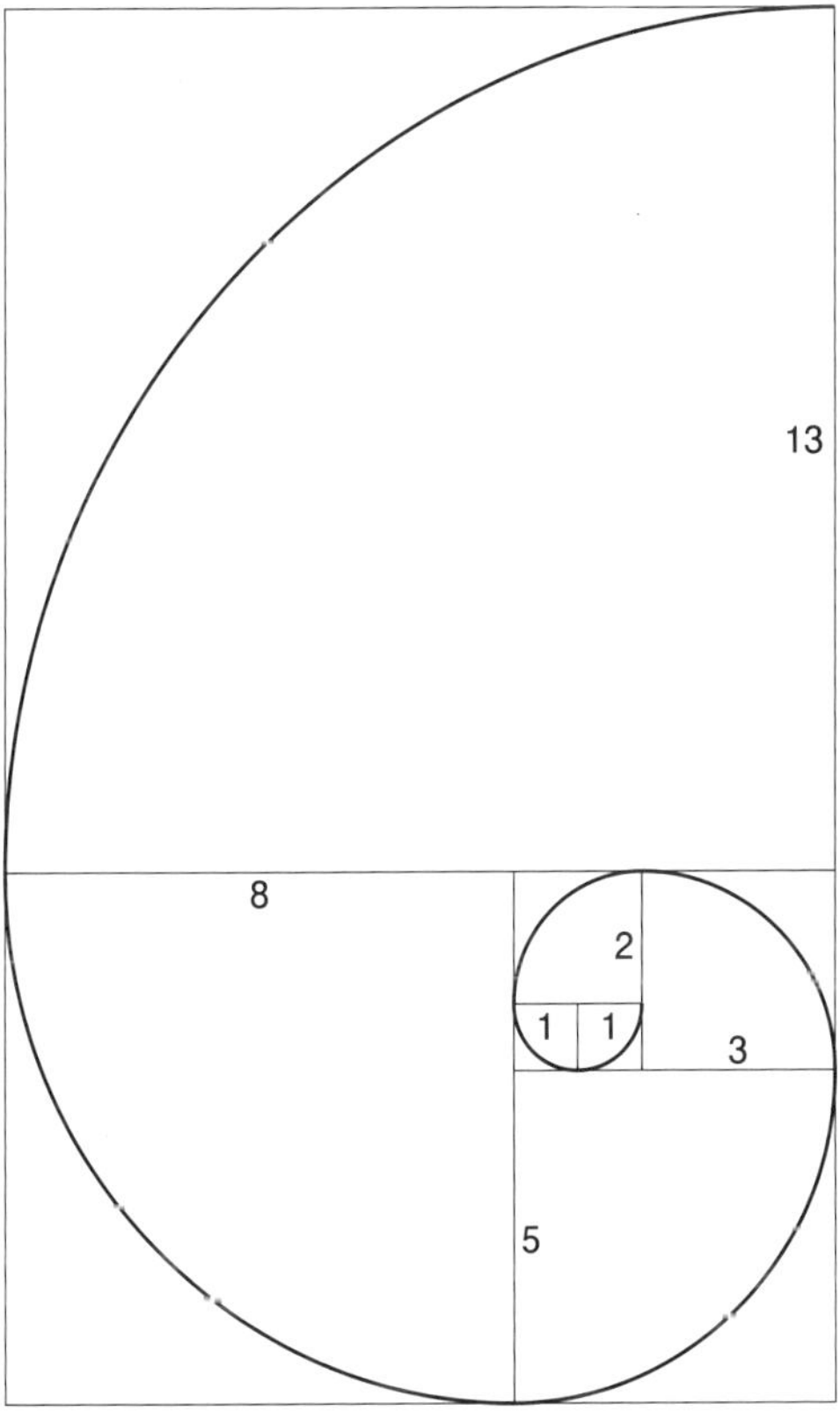

数列の各項を半径として「4分の1円」を描いてゆくと、上のような形になる

さらに、ヒマワリの花を円と考えてみる。

円は言うまでもなく360度だ。360度を、黄金比で割る。つまり「1対ϕ」の比率で分割すると、137・507764……という角度が求められる。約137・5度である。これを「黄金角」と言う（81ページ）。

驚くべきことに、ヒマワリの種子のひとつひとつは、黄金角にしたがって並んでいるのだ。

黄金角の137・5度は、ヒマワリにとって、子孫を残すための必然的戦略と言えるかもしれない。なぜなら配列が137・5度の時、最も多くの種子が付くからである。実験してみたところ、わずかな差でしかない137度や138度でも、配列はスカスカになってしまう。限られたスペースにびっしりと無駄なく、バランスよく、種子が配列されるのは137・5度でしかないのである（83ページ）。

まさにラングドン教授の言うように「黄金比は自然界のいたるところに見られる」のだが、こうした［黄金比―フィボナッチ数列―螺旋］という連環を自然界に見出すアプローチは際限なく積み重ねられてきた。

中には、はたして厳密な意味での黄金比が含まれているのか判然としないものもある

《黄金角》

円周(360°)を $1 : \frac{1+\sqrt{5}}{2}$ に分ける計算式は、

$$360^\circ \times \frac{1}{1+\frac{1+\sqrt{5}}{2}}$$

となり、

これを解くと黄金角は137.507764……°

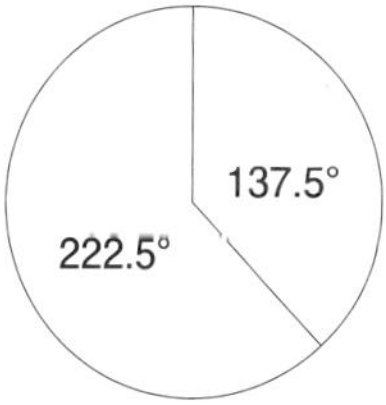

が、いずれにしても生命や大自然の営みに、螺旋が存在することは事実である。

巻き貝の渦
松ぼっくり（松かさ）が描き出す模様
アサガオの蔓《つる》
気象衛星で見た台風
ＤＮＡ
銀河系
……。

太古より、人々が黄金比に森羅万象《しんらばんしょう》を司《つかさど》るルールを見て取っていたのも、頷《うなず》けようというものである。

■なぜヨーロッパに「螺旋階段」が多いのか

螺旋が生み出すイメージは、生命の躍動感である。中心から外へ向かって、はてしなく拡大してゆく姿は「発展」や「成長」といった言葉に結びつく。それは西洋、とりわけヨーロッパの美的感性の土台となるキーワードでもある。

たとえばハッブル宇宙望遠鏡が映し出す宇宙空間に、無数の螺旋が浮かんでいる。かつては「星雲」と呼ばれていた渦巻銀河《うずまきぎんが》（渦状《かじょう》銀河）のことである。

ガリレオ以降、ベルヌーイの生きた時代のヨーロッパでは、すでに有名なアンドロメダ銀河などの望遠鏡による天体観測が進んでいたが、そのアンドロメダ（M31）や猟犬座《りょうけん》（M51）などの光り輝く銀河は、漆黒《しっこく》の夜空に美しい螺旋を描いている。中世ヨーロッパの人々が、銀河の渦に発展と成長を見たとしても不思議ではない。

またヨーロッパの建築には、あらゆる意匠に螺旋が採用されている。代表的なものに、ベルギー・ブリュッセルのオルタ美術館が挙げられよう。これは「アール・ヌーヴォーの巨匠」と呼ばれる建築家、ヴィクトール・オルタの自宅兼アトリエだった建物で、世界遺産に登録されている。

観光客が一様に息をのむのが、入口を開けてすぐ目に入る吹き抜けの螺旋階段である。

《ヒマワリの螺旋は黄金角を描く》

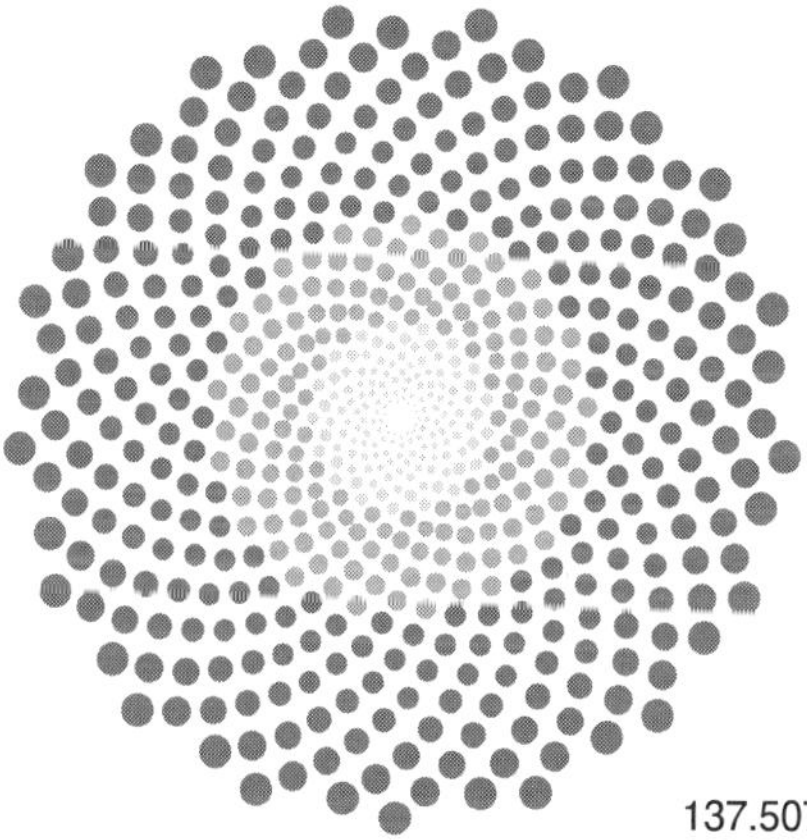

種子は137.5°の黄金角で配列され、時計回りと反時計回りの螺旋を描く。螺旋の本数には、フィボナッチ数列の隣りあう2項の数が見られる

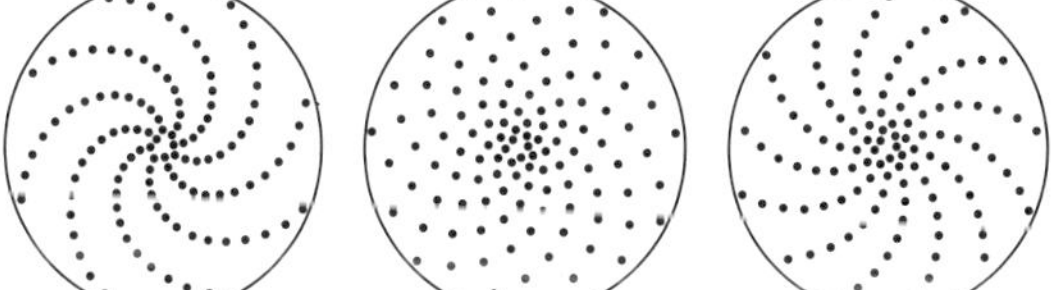

黄金角以外の角度で種子を配列すると、無駄な空間が生じてしまう。隙間をなくすには、黄金角でなければならない

上階に向からにしたがい、螺旋の半径が徐々に大きく取られているため、光線が天窓のステンドグラスから1階まで降り注ぐ。螺旋階段の優美な曲線と相俟《あいま》って、訪れる人の心を捉えて離さないという。

アール・ヌーヴォー（Art Nouveau）と言えば、エミール・ガレや初期のルネ・ラリック、ドーム兄弟らが手がけた動植物をモチーフとするガラス工芸品も有名だ。その造形における装飾性は、必ずしも螺旋によるものではないが、あえて言えば螺旋に通じる「自由曲線」が生み出したものである。

こうしたアール・ヌーヴォーの曲線美や装飾性を、アントニオ・ガウディの建築作品群に見ることとは、誰しも異論がないだろう。カサ・バトリョ、カサ・ミラ、グエル公園など、スペイン・バルセロナにある彼の建築物は、しばしば「奇抜」と評されるほどに、独特の曲線や曲面でデザインされている。

とりわけ、彼がライフワークとしたサグラダ・ファミリア（聖家族贖罪《しょくざい》教会）は、鐘《しょう》塔《とう》へ登るための螺旋階段が特徴的だ。約300段あると言われる螺旋階段は、人が一人ようやく通れるというほどの狭さで手すりもない。いわば外壁の曲面に沿って、へばりつくような構造になっている。だが頂上まで登り、その螺旋階段を真上から見下ろすと、まる

《「螺旋」と「発展」の西洋建築》

サグラダ・ファミリアの螺旋階段。まるで「フィボナッチ・スパイラル」のように美しい曲線を描いている

はてしなく天空を目指すようなサグラダ・ファミリアの塔。ヨーロッパの建築には、このように「神の居場所」へと拡大・発展を見せるものが多い

で「フィボナッチ・スパイラル」のような、巻き貝の殻を思わせる見事な螺旋が現われるのである。

■天を目指した建築

ガウディが意図したかどうかは、わからないが、あのサグラダ・ファミリアの天空へ向かわんとする塔のありようは、そのまま西洋人のキリスト教思想に基づく精神性を投影しているような気がしてならない。

時代を13世紀まで戻せば、フランス北部で萌芽《ほうが》したゴシック式と呼ばれる建築様式が、ドイツ、イギリスへと広まった。石柱を垂直に建てる工法は、当時としては革命的な技術だったという。

ゴシック式建築は、よく「針葉樹林」にたとえられる。ノートルダム大聖堂やシャルトル大聖堂（ともにフランス）、ケルン大聖堂（ドイツ）、ウェストミンスター寺院（イギリス）などの代表的な教会堂建築を目の当《ま》たりにすると、内陣の荘重さもさることながら、空に向かってそびえ立つ垂直性に圧倒される。まさしく針葉樹のように、鐘塔は、はてしなく天上界を目指して上昇を試みているようだ。

こうしたゴシック建築の垂直性を、「天にましますわれらの神」へ一歩でも近づこうとする理想の具現化と指摘する向きは多い。もしかしたら、旧約聖書「創世記」に記された「バベルの塔」が象徴するごとく、天に届くことは人類原初からの夢だったのかもしれない。

16世紀フランドルの画家、ブリューゲルが名画「バベルの塔」を描いている。彼は伝説上の建築を視覚化するに際し、円筒螺旋という構造を用いて塔を表現した。螺旋階段は塔の周囲をめぐり、頂上へと向かう。

極言すれば、ここに螺旋の「発展」「成長」と「天空への上昇」が合致する。黄金比を「神聖な比率」と崇めた西洋の人々は、宇宙、神、自然への畏怖《いふ》や憧れを、その1・618という数をもって融和させたのではないか。

黄金比、そして黄金比の生み出す螺旋は、西洋の精神を発現していると言える。

■円の中に何角形を見るか

黄金比と図形の関係を考える時、螺旋以外によく題材とされるのが五角形である。端的に言うと、「正五角形の1辺に対する対角線の長さは黄金比」であり、「対角線どうしの交点は対角線を黄金比に分割する」のだ（91ページの図を参照）。

この証明は高校生で習うので、ここでは割愛する。むしろ着目すべきは、第1章で説明した「白銀比」との対比である。

思い返していただきたい。白銀比「$\sqrt{2}$」は、円に内接する正方形の対角線が表わしていた。当然、正五角形も円に内接し（ユークリッドはコンパスと定規を使った正五角形の描き方を示している）、図のように黄金比「1・618」をもたらす。

すなわち、黄金比をヨーロッパ＝西洋の、白銀比を日本の数学的代名詞とするならば、ここに「（円に内接する）五角形＝黄金比＝西洋」と「正方形＝白銀比＝日本」という図式が明解に対比されるのだ。

円の中に何角形を見るか。もちろん何角形でもかまわない。ただこの視点の面白いところは、円の中に見る「形」により、和・洋の違いを知り、両者間の距離が浮き彫りになることである。

1964年に発足した「フィボナッチ協会」（The Fibonacci Association）という学術団体がある。季刊誌「フィボナッチ・クォータリー」（The Fibonacci Quarterly）の発行や国際会議の開催などを通じて研究活動を重ね、数学の発展に寄与しているが、同協会のオフィシャル・ロゴは、まさしく「正五角形」だ（91ページ）。

正確には、正五角形の対角線をすべて結んだ（あるいは正五角形の各辺を延長して結んだ）「星型正五角形」で、「ペンタグラム」（pentagram）とか「五芒星《ごぼうせい》」と呼ばれる形である。

日本では、五芒星と言えば陰陽師《おんみょうし》の安倍晴明《あべのせいめい》が用いたことで有名だが、本章の文脈からは少々、逸脱するのでひとまず措《お》く。それよりもむしろ、星型正五角形はすでに古代バビロニアにおいて都市のシンボルマークとして使われ、後のギリシア、ローマ、そしてヨーロッパ諸国に伝播《でんぱ》していったという、途方もなく長い歴史に注目したい。

■黄金比の「動」、白銀比の「静」

フィボナッチ協会のロゴに描かれた五角形は、よく見ると五角形の中にさらに五角形があしらわれており、徹頭徹尾「5」にこだわっているようである。フィボナッチ協会は「5」が大好きな人間たちの集まりと言えるかもしれない。

ただ、黄金比にとって「5」という数が示す象徴性を無視できないことは事実である。

フィボナッチ数列は「1、1、2、3、5、8……」で始まっていた。その隣りあう2項間の比、たとえば「3と5」「5と8」は黄金比「1・618……」に近づく。小数点以下第2位を切り捨てれば、黄金比は「1対1・6」＝「5対8」となる（69ページ参照）。

五角形を描いた時に、そこに黄金比が現われる。「5対8」の「5」と「五角形」の「5」、そして黄金比 $\frac{1+\sqrt{5}}{2}$ の中に「5」がある。やはりフィボナッチ数列と黄金比は、美しい協奏曲を奏《かな》でているのだ。

そこで白銀比「$\sqrt{2}$」との対比に戻る。

日本人は円の中に正方形を見た。正方形は、円に対して非常に収まりのよい形であるが、反面、黄金比を美とする感覚からすれば、あまりにカチッとしすぎている。だから円に正方形を見るアプローチは、ほとんど例を見ない。やはり日本的と言う以外にないのである。

円に内接した正方形に対角線を引き、導き出されたのが「白銀比＝$\sqrt{2}$」だった。第1章で紹介したように、日本人は大切なものに白銀比を使い、正方形を使う。それが日本人の気質を表わしている。実用的で、同時に無駄を省き、いたずらな華美を慎《つつし》み、質素倹約を旨とする、日本人本来の気質である。

そして同時に、円の中の正方形は、それ自体で完結している。言い換えれば、形として

《正五角形と黄金比》

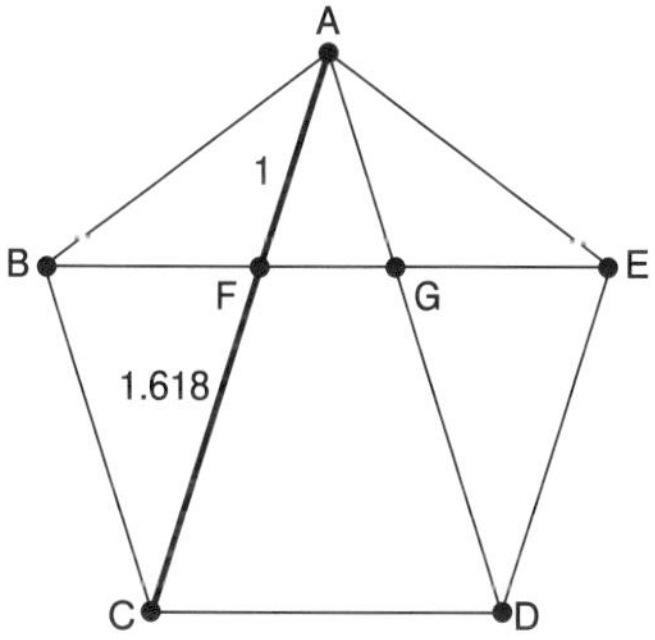

対角線の交点が黄金比を生み出す

AF：FC＝1：1.618

また、正五角形の1辺と対角線の比も黄金比となる

AB：AC＝1：1.618

「フィボナッチ協会」のマークには五角形があしらわれている

しない。

閉じている。それゆえ、あくまでも静謐《せいひつ》にたたずんでいる。けっして外に出てゆこうとはしない。

ひるがえって、黄金比が描き出す螺旋は、あからさまに西洋的なダイナミズムを表現する。外へ向かって拡大し、収束することを知らない。それが帝国主義的植民地政策につながるとまでは言わないが、螺旋の持つ外界への発展性は、円と正方形の完結性とは、まったく対照的だ。螺旋は華美な装飾を生み、正方形は質素な静けさを呼ぶ。

その意味では、黄金比と白銀比は正反対の数と言ってよい。すなわち黄金比は「動」であり、白銀比は「静」である。さらにその躍動感において、黄金比を「生」、白銀比を「死」になぞらえることもできる。

ただし忘れてならないのは、両者は顔をそむけあっているわけではないということだ。人智を超えた存在——宇宙、大自然、生命、神を解き明かす一つの鍵として、黄金比も白銀比もある。

万物を動的に捉えるのが黄金比とするならば、白銀比はその一瞬を切り取って、静的に表現する。「死」を語れば語るほど、「生」を語ることになる。

第3章

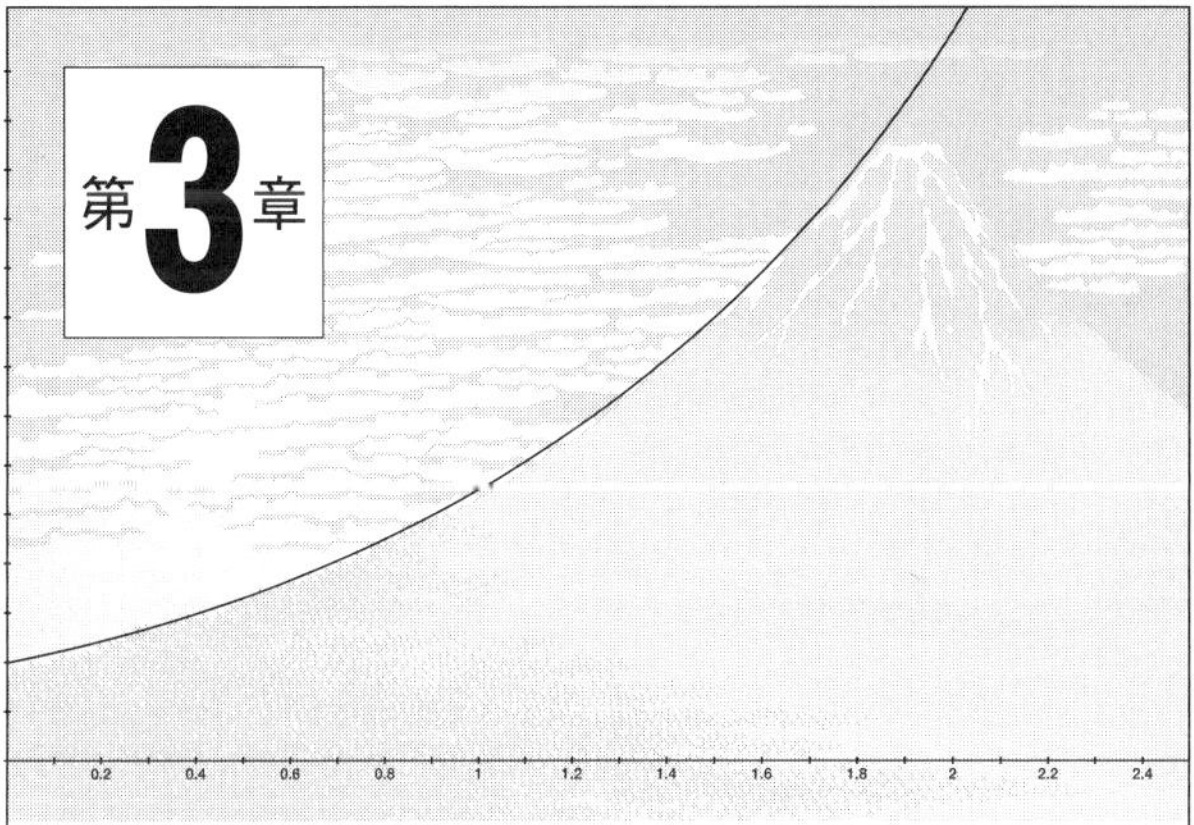

「五・七・五」と「素数」の関係

なぜ日本人は「3・5・7・9」の「奇数」を大切にするのか

■「5音と7音の組み合わせ」は日本の伝統

日本人なら誰でも知っているように、俳句は「五・七・五」、短歌《たんか》は「五・七・五・七・七」の音《おん》で構成される。とくに短歌は、その合計数から「三十一文字《みそひともじ》（5＋7＋5＋7＋7＝31）」と表現するが、平仮名表記の場合、俳句も短歌も1文字は1音に対応する。したがって「31文字」は「31音」のことでもある。

古来、日本の韻文詩《いんぶんし》（規則的な韻律《いんりつ》＝リズムに則《のっと》って聴覚に訴える詩文。ここでは詩歌全般を意味する）の基本形は、5音と7音の組み合わせによった。『万葉集』に収録された歌は、主として以下の4形式である。

① 長歌《ちょうか》（5・7、5・7、5・7、5・7……、7）
② 短歌（5・7、5・7、7）
③ 旋頭歌《せどうか》（5・7・7、5・7・7）
④ 仏足石歌《ぶっそくせきか》（5・7、5・7、7・7）

現在、私たちが「俳句」と呼ぶ韻文詩が成立したのは、正確には明治時代のことだった。有名な正岡子規《まさおかしき》による「俳句改革」である。子規は、それまで隆盛を誇っていた「俳諧《はいかい》」を批判したのだが、話が遠回りするのを承知で、まずは韻文詩の歴史を概観しておきたい。

長歌は5・7、5・7、5・7……と繰り返し歌い、最後に7音を添えて終了する形式が基本である。そして最後の部分、すなわち「5・7、5・7、7」のみを独立させたのが短歌であり、やがて短歌のほうが和歌の主流になってゆく。

それが鎌倉・室町期になると、短歌を「上《かみ》の句（5・7・5）」と「下《しも》の句（7・7）」に分割し、複数の人間が交互に歌う「連歌《れんが》」が流行するようになる。通常は上の句と下の句を歌いつづけ、100句（100行）をもって完成としたそうだが、能《のう》と並んで室町文化を代表する連歌は、宗祇《そうぎ》、心敬《しんけい》など連歌師の登場も手伝い、全国的に普及した。

ただし連歌には、貴族階級の教養趣味的要素が多分にあり、戦国時代を経て、滑稽《こっけい》さや生活臭を歌い込むことが庶民レベルの流行となった。連歌に取って代わったこの形式を「俳諧（誹諧）の連歌」と言い、江戸期に「俳諧」として確立した。

俳諧のルールは連歌同様、一人目が歌う上の句（5・7・5）に別の人物が下の句（7・7）を続け、延々と繰り返していくものだったが、とくに第1行目にあたる上の句は「発句《ほっく》」と呼ばれ、季語を入れるのが決まりとされた。

そして発句のみを独立した作品として発表する例も次第に出現し、ここに俳句の嚆矢《こうし》を見ることができる。

以上のような流れの中で、正岡子規はマンネリ化した連歌形式の俳諧を「月次《つきなみ》、卑俗《ひぞく》、陳腐《ちんぷ》」と批判し、発句のみを切り離して「俳句」の呼称を用いたのである。

■北野映画でも用いられる「5」と「7」

俳句や短歌の生い立ちを縷々《るる》述べてきたが、私が着目するのは、いずれの韻文詩も「5音」と「7音」の組み合わせから成立しているという点である。文学的評価や位置づけはどうであれ、上代《じょうだい》より脈々と流れる日本語の韻律は、すべて「5」と「7」が核となっている。

もちろん、日本語のリズムとして「五・七・五」や「五・七・五・七・七」が落ち着くことは、理屈以前の問題だろう。

北野武さんとお会いした際、興味深い話を聞いたことがある。映画を編集する時に、撮影したフィルムをカットしてゆくが、「七五調」の奇数のリズムで切ると収まりがよいのだそうだ。

北野さんは監督・脚本・主演・編集のすべてを一人でこなす。とりわけ「ポストプロダクション」と呼ばれる編集作業は、大のお気に入りらしく、北野さん自身も「プラモデルの組み立て作業みたいなもの」と言っている。

その組み立て作業のような映画編集で、はからずも「七五調」が有効なのだと言うのである。つまりフィルムを「5」および「7」の比率で切ってつなげることで、完成された本編に仕上がるのだ。

彼が意図的にそうしているのか、あるいは無意識なのかまでは聞かなかったが、北野作品が欧米できわめて高く評価されていることと考え合わせ、私は日本的リズムの持つ奥深さをあらためて思い知らされた次第である。

■「5」と「7」はどのような数か

さてそこで数学的な見方をしてみよう。

中学校で習う「素数《そすう》」を思い出していただきたい。そう、「1とそれ自身以外に約数《やくすう》(因数《いんすう》)を持たない自然数」、平たく言えば「1と自分以外で割れない(正の)整数《せいすう》」のことだ。

面白いことに、俳句（5・7・5）と短歌（5・7・5・7・7）をはじめとした日本の韻文詩を構成する「5」と「7」は、ともに素数である。さらに「5・7・5」の合計（17）と「5・7・5・7・7」の合計（31）も素数になっている。

だが数の捉え方として、もちろん日本人は「5」や「7」を素数とは認識していなかっただろう。「$\sqrt{2}$」を「1・414……」ではなく、正方形の対角線と考えていたように。

では、どのように捉えていたのか。

まず「5」や「7」および「5と7の組み合わせ」が持つ表現の絶妙さを、直感的にすくい取っていたと考えられる。そして「奇数」を「陽《よう》の数」として尊び、さまざまな場面で重用してきた歴史が作用したのではないか（反対に偶数は「陰《いん》の数」とされた）。

それが結果的には素数に帰着するのである。1桁《けた》の奇数は5個ある。1、3、5、7、9だ。このうち「3、5、7」が素数である。それも「連続する素数」なのである。

■「五節句」の日付は、なぜ奇数なのか

中国最古の王・伏羲《ふくぎ》が始祖と言われる「陰陽説《いんようせつ》」は、日本に伝来すると「陰陽道《おんみょうどう》」と

《俳句も短歌も素数》

素数　素数　　素数
5＋7＋5＝17

5＋7＋5＋7＋7＝31
素数

呼ばれ、日本人にとって支配的な考え方となった。すなわち「世界は陰と陽の対立からできており、また陰と陽はおたがいに消長を繰り返して発展が続く」というものである（後に『五行《ごぎょう》説』と結びつき、『陰陽五行説』として一体化する）。

陰陽道では「1」を陽の本源《ほんげん》、「2」を陰の本源と考え、この陰陽の本源が合体して森羅万象が創られるとする。そして陽の数は「3」から始まり、「9」に極まるとする。

暦法上の風習である節句は、陽の数が重なった日（重日《じゅうにち》）、つまり奇数月の奇数日に行なわれる厄祓《やくばら》いが年中行事化したものだ。季節の節目に厄除《よ》けをし、無病息災《むびょうそくさい》を祈り、自然の産物に感謝した。神に供物《くもつ》を奉じたことから、古くは「節供」とも表記していたという。現代にも伝わる「五節句」は、江戸時代に幕府が公式な年中行事と定め、祝日としたものである（明治6年に廃止）。以下に掲げてみよう。

① 人日（じんじつ）――1月7日
② 上巳（じょうし）――3月3日
③ 端午（たんご）――5月5日
④ 七夕（しちせき）――7月7日
⑤ 重陽（ちょうよう）――9月9日

日付はむろん、旧暦である。1月だけ「奇数の重なり」がないのは、1月1日（元旦）を特別の日として別格扱いにしたからだ。1月7日は「七草粥《ななくさがゆ》」の日である。

また五節句のうち、上巳（ひな祭り）、端午（子どもの日）、七夕（たなばた）は私たちにも馴染み深いが、9月の重陽に関してはさほどでもない。ところが「重陽」という表記でも分かるように、陽の数の極みである「9」と「9」が重なるこの日は、かつて宮中でも盛大な祝賀行事が執《と》り行なわれていた。

『日本書紀』天武天皇十四年九月条には、「九月《ながつき》の甲辰《きのえたつ》の朔《ついたち》壬子《みずのえねのひ》に、天皇、舊宮《ふるみや》の安殿《あんどの》の庭《おおば》に宴《とよのあかりざこしめ》す」とあり、重陽を祝った最初の記録と言われている。時代が下った平安時代には、観菊会など菊にちなんだ宴《うたげ》が催《もよお》され、後に「菊の被《き》せ綿《わた》」という習慣も加わった。

これは重陽の前夜、つまり9月8日の夜に、菊の花に真綿を被《かぶ》せて夜露を吸わせ、翌朝その綿を肌に当てて長寿を願うというもので、女官たちの間で大流行した。清少納言《せいしょうなごん》の『枕草子《まくらのそうし》』には、次のような記述がある。

「九月九日は、暁方《あけがた》より雨少し降りて、菊の露《つゆ》もこちたく、覆《おお》ひたる綿なども、いたく濡れ、うつしの香《か》ももてはやされたる」

■数の世界の「土台」を作る数

このように、奇数＝陽の数という数への崇拝は日本人の心に根づき、今なお、私たちに受け継がれている。神前結婚式の盃《さかずき》は「三々九度」（三献《こん》の儀）、子どもの健《ず》やかな成長を祈って氏神《うじがみ》に参拝するのは「七五三」である。

《素数》

2, 3, 5, 7, 11, 13, 17, 19, 23, 29,
31, 37, 41, 43, 47, 53, 59, 61, 67,
71, 73, 79, 83, 89, 97, ……

《合成数》

4, 6, 8, 9, 10, 12, 14, 15, 16, 18,
20, 21, 22, 24, 25, 26, 27, 28, 30,
32, 33, 34, 35, 36, 38, ……

先に述べた「5音」と「7音」、それに「1月7日」「3月3日」「5月5日」「7月7日」「9月9日」、そして「339（度）」と「753」――。

いささか回り道をしてしまったが、数学的に考えると、ここに登場する奇数＝陽の数は、前述のとおりいずれも1桁の素数だ。古《いにしえ》の日本人に「素数」という概念はなかったかもしれないが、やはり奇数＝陽の数は素数に帰結する。ことに頻繁《ひんぱん》に用いられる「3、5、7」は、結果的に「連続する三つの素数」になっているのだ。

では素数とは何か。端的に言えば、素数は「数の世界の土台」を作っている数である。

《すべては素数で作られる》

$$4 = 2\times2 = 2^2$$
$$6 = 2\times3$$
$$8 = 2\times2\times2 = 2^3$$
$$9 = 3\times3 = 3^2$$
$$10 = 2\times5$$
$$12 = 2\times2\times3 = 2^2\times3$$

自然数0、1、2、3、4、5、……の0と1以外の2以上の自然数は「素数」（102ページ・上）と「素数ではない数」のいずれかに分けることができる。素数ではない数は「合成数」（102ページ・下）と言う。

合成数は、すべて素数の積（二つ以上の素数を掛ける）で表わすことができる（103ページ）。

たとえば「6」は「2」と「3」の積だ。別の表現をすれば、「6」は「2」と「3」という素数から「作られている」数なのである。また、こうして素数の積で表わす方法を「素因数分解」と言う。

ある数が素数によって「作られている」

ということは、素数がある数の元になっていることに他ならない。すなわち、素数は「数の世界の土台を作る」のである。

■自立した数を愛する日本人

こうして考えると、素数は「独《ひと》り立《だ》ち」している数と言うことができるだろう。

たとえば「12」という数は、「2」と「3」が寄り集まって作られている。だから「12」自身は独り立ちできていない。しかし、「11」は「11」だけが作っている。他の何者の力も借りていない。自立している数、それが素数なのである。

おそらく日本人は、このような数の世界の成り立ちを、きちんと理解していたのではないかと思う。奇数と奇数を足せば偶数になる。すなわち「陽の数」どうしの和は「陰の数」になる。逆に見れば、「陰の数」は「陽の数」から生まれている。

また偶数は、「4」であれば「2」の2乗、「8」は「2」の3乗、「12」は「2」の2乗の3倍といったように、素数が元になっている。つまり「陰の数」である偶数は、素数から作られた「二番手の数」と言える（「2」は素数で唯一の偶数である）。

「五・七・五・七・七」は、それぞれが奇数＝陽の数であり、素数である。また「五・

七・五」の合計「17」、「五・七・五・七・七」を合計した「31」も、奇数であり素数である。そして日本人が重用してきた「3」「5」「7」という奇数＝陽の数は、数の世界の土台を作り、「二番手の数」を作る素数であった。

ものごとを究《きわ》めることを尊び、その結果として得られる、ものごとの「元《もと》」を日本人は大切にする。数の世界の「元」たる素数が、日本人にとってこの上ない重要な数であることは、けっして偶然ではない。

数には個性がある

素数を「自立した数」と表現するように、数にパーソナリティを持たせることには大きな意義がある。

人は友だちと付き合う時、その友だちの持つさまざまな側面を、いやでも目にすることになるだろう。付き合えば付き合うほど、趣味嗜好《しこう》を知り、次第にいいところも悪いところも見えてくる。

数も同じことだ。「6」とはどういう奴《やつ》なのか。「5」とは何者なのか。矯《た》めつ眇《すが》めつ見ていれば、いろいろな顔を覗かせるはずである。

たとえて言えば、先にも述べたとおり、素数は「自分自身で立っている、偉い奴」である。教科書的に「1とその数以外に約数を持たない、2以上の自然数」と覚えるよりも、「独り立ちした立派な数」としたほうが、よほど接しやすい。

素数に親しめば、素数がリーダーとなって他の数たちを派生させていることが、素直に理解できる。「11」という素数があるから、そのおかげで「22」も「33」も存在できる。数の世界のファミリーを考えた時に、そのファミリーの中心にいて、大本《おおもと》になっているのが素数という数なのである。

数はそれこそ無限にある。だが、無限にある数を作っているのは素数なのだという考え方もできるのだ。「数は無限にある」と言ってしまえば、身も蓋《ふた》もないし、第一面白くない。むしろ「素数たちが無限の数の世界を作っている」と考える。

そうすれば、数の世界の景色も違って見えてくるのではないだろうか。

■素数をどうやって見つけるか

そこで問題になるのは、では無限の数の世界に、素数はどれくらい存在するのかということだ。

《メルセンヌ型素数》

$$M_n = 2^n - 1$$

nは素数

素数を探す試み――いわゆる「素数探査」の歴史は、そのまま数学者たちの格闘の歴史である。すでに古代ギリシアでは、無限の数の世界に、素数もまた無限に存在することがユークリッドによって証明されている。ところが、素数を無限に見つけることは現代でもできない。

目下、行なわれているのは、コンピュータの力を借りた素数探査である。1996年からスタートした、GIMPS（Great Internet Mersenne Prime Search）というシステムを利用するのだが、今この瞬間も、世界中で素数を探す競争が続いているのだ。

GIMPSでは、ある特定の形をした素

《現在知られている最大の素数》

$$2^{43112609}-1$$

＝3164702693302559231434537239493375160541061884752646441403041767328112474930693686920431851216118378567268……………

……………670729447921616491887478265780022181166697152511

（1297万8189桁）

数の発見を目的としている。それは「メルセンヌ型素数」もしくは「メルセンヌ素数」というもので、素数を研究したフランスの数学者、マラン・メルセンヌ（Marin Mersenne）にちなんで名づけられた。107ページの数式で表わされる。

厳密には、この式の「n」が素数であり、なおかつ「M_n」が素数でなければ「メルセンヌ型素数」とは呼ばない。なぜなら、「n」が素数でなければ「M_n」は素数とならないが、逆に「n」が素数であっても「M_n」が素数になるとは限らないからだ。

ともあれ、この式の「n」に次々と数を代入してゆくことで――それもコンピュータの爆発的な計算力を利用して、素数探査の旅は続いている。

直近の結果としては、2008年8月に、47番目のメルセンヌ型素数がエドソン・スミスによって発見された。「n」の値は「43112609」、つまり「2の43112609乗マイナス1」で「1297万8189桁」（！）になる。現在のところ、史上最大の素数である。

もちろん、このメルセンヌ型素数よりも大きい素数も、やがて発見されてゆくだろう。だが、桁が進めば進むほど、素数はまばらに存在し、発見するためにより多くの時間と労力が必要となる。

■対数《たいすう》の発見がもたらしたこと

ところで、高校時代に「対数」を習うが、覚えておいでだろうか。

$y=2^x$などの式で表わされるのが「指数（指数関数）」だが、対数はちょうどその逆である。たとえば「2の3乗は8」とするのが指数で、「8は2の何乗ですか」というのが対数だ。

対数で使われる「log」は、「ロガリズム（logarithms）」に由来する。ラテン語で「神の言葉」を意味する「logos」と、「数」を意味する「arithmos」から生まれた言葉である。

スコットランドの城主、ジョン・ネイピア（John Napier）は、1614年に『驚くべき対数法則の記述（*The Description of the Wonderful Canon of Logarithms*）／原題はラテン語で（*Mirifici Logarithmorum Canonis Descriptio*）』を著わし、対数表を完成させた。これはネイピアが20年の歳月をかけて計算と格闘した、汗と涙の結晶である。

電卓のなかった時代、対数は大きな桁の「掛け算」を「足し算」に、「割り算」を「引き算」にしてしまうという計算の革命をもたらした。すなわちネイピアが作成した対数表は、当時の計算機そのものであり、天文学的な計算を劇的に楽にしたのである。

時は大航海時代。社会の中心課題は、精密な天体観測と正確な暦《こよみ》の完成だった。天文学者たちは天体を観測し、観測記録を計算し、恒星《こうせい》間の相対位置を計算して、航海暦を作成しなければならなかったのだが、文字どおり「天文学的な」計算は苦労を極めていた。

そこにネイピアの業績が福音《ふくいん》を運んだのである。対数の発見と対数表の完成によって、計算は迅速になり、暦の精度も増した。したがって安全な航海が保証されるようになり、社会は著しく発展したのである。さらにまた、対数は後のケプラーやニュートンの研究にも寄与し、科学の進歩をもたらすことになった。

■音の大きさを対数で表わす理由

唐突に対数を持ち出したと思われるかもしれないが、それには理由がある。対数の世界を知ることで、無限の宇宙空間を進むようなはてしない「素数探査」の旅にも、一つの道しるべが見えてくるからだ。

さて今、私たちに身近な対数には、酸とアルカリの尺度であるｐＨ（ペーハー）や地震のＭ（マグニチュード）、音のｄＢ（デシベル）などがある。これらはすべて対数によって計算されている。

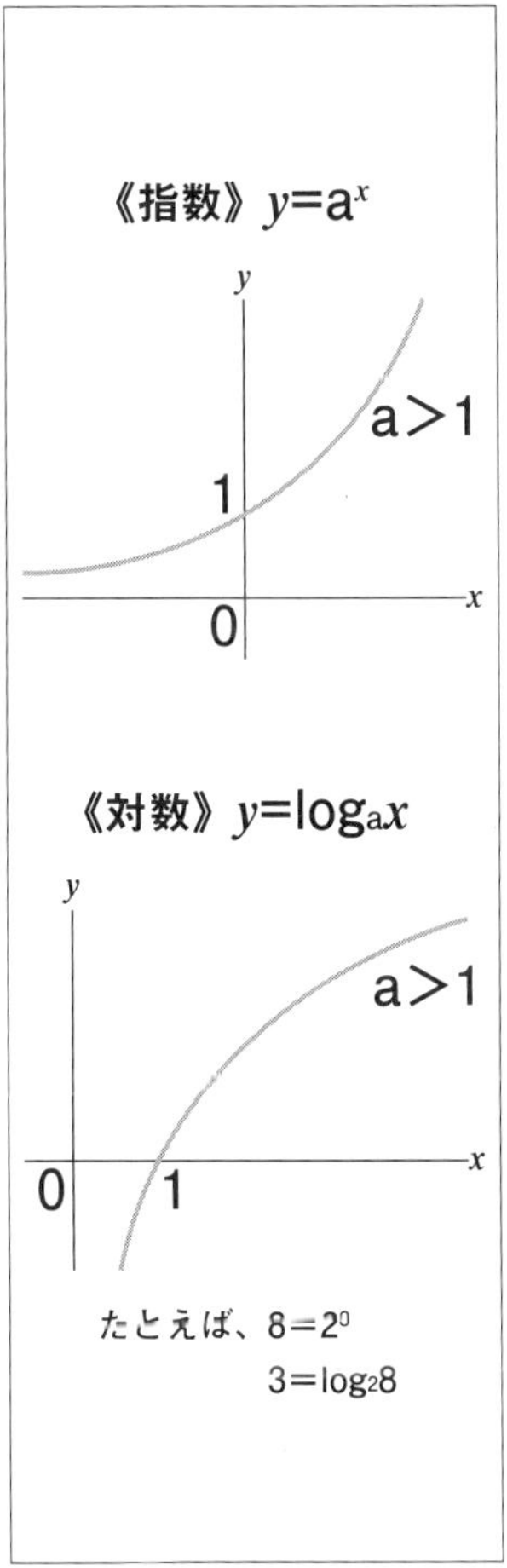

「デシベル」はグラハム・ベルの「ベル」に、デシリットルの「デシ」（10分の1）を付けた言葉で、簡単に言えば音量を表わす単位である。では、なぜデシベルに対数を使わなければならないのだろうか。

ご承知のように、音は空気の振動で伝わる。この時、空気中に圧力の高い部分と低い部分が生まれるが、その圧力の変化量を「音圧」と言い、Pa（パスカル）という単位で表わす。

この音圧にしたがえば、人間の耳に聞こえる音量は「1」から「100万」まで、きわめてレンジが大きいものとなってしまう。つまり、そのまま数で表現するには非常に使いづらいのである。

ところが対数を用いてデシベルで表わせば、「100万」どころか「60」程度、最大でも「100」前後ですんでしまうのだ。2桁の数のほうが便利なのは明らかだろう。

難しい話は抜きにして、要は「パーセント」で表わすとご理解いただきたい。基準の値に対して何倍の比率になっているかということを、「0」から「100」までの間に圧縮して換算する仕組みになっている。

参考までに日常生活で接する音のデシベル表示とデシベルが表わす比率を113ページ

《暮らしの中の音》

110dB	車のクラクション
100dB	電車通過時のガード下
90dB	カラオケボックスの中
80dB	地下鉄の車内
70dB	渋谷の街頭
60dB	通常の会話
50dB	エアコンの室外機（起動時）
40dB	図書館内
30dB	ささやき声
20dB	木々の葉ずれ

《デシベルは何倍の比率を表わすのか》

0dB	1倍
3dB	2倍
6dB	4倍
10dB	10倍
20dB	100倍
30dB	1000倍
40dB	10000倍
50dB	100000倍
60dB	1000000倍
y dB	x倍

$$y = 10\log_{10}x$$

に掲げておこう。

■人間は刺激の強さをどう感じるか

実は人間の耳は、基本的に音のエネルギーが10倍になって、ようやく2倍大きくなったと判断する。聴覚という「感じ方」は対数に比例するのである。

いや、聴覚のみならず、光や温度の知覚、五感のすべては、その刺激の強さの対数に比例するのだ。

このことは1860年に「ウェバー・フェヒナーの法則」という美しい公式に仕上がっているので115ページにご紹介しよう。

夜空に輝く恒星の明るさを「1等星、2等星、3等星……」と表わすのも、対数を取っているからである。1等星から6等星までの5等級幅は、光のエネルギーの100倍に相当する。ネイピアは20年を費《つい》やして対数表を完成させたが、人間の体にはもともと対数の仕組みが備わっていたのだ。

《ウェバー・フェヒナーの法則》

$$R = k\log_e \frac{S}{S_0}$$

※Rは感覚の強さ
　Sは刺激の強さ
　S_0は感覚の強さが0になる刺激の強さ
　kは刺激固有の定数（感覚ごとに異なる値）

「知覚の強さは刺激の強さの対数に比例する」

■数学が音楽にはたした役割

必然的に対数は、人間が知覚を動員して生み出す芸術につながってゆく。すなわち音楽である。追って述べるが、実際に数学者たちは、音楽を数学で理論づけようと試みてきた。

数は「1、2、3、4、5、6、7、8、……」とあり、音には「ドレミファソラシド……」がある。この時、音すなわち周波数の上がり方を規定するのが「音律」だが、音律を最初に考えたのは、かのピタゴラスである。「ピタゴラス音律」と言う。

ピタゴラスは1本の弦《げん》を張った楽器を使って、音の協和性を実験した。そして弦を「2対3」の比率に分けて（実験では弦の上に駒を置いた）同時に弾《ひ》くと、「ド」と「ソ」の和音になることを発見したのである。つまり弦の振動比が「2対3」、周波数で1・5倍になる。これを音楽用語では「完全五度」と呼ぶ。半音を入れた12音階を、完全五度で決めてゆくのがピタゴラス音律の基本となっている。

ところがピタゴラス音律には、弱点があった。楽典《がくてん》（音楽理論）を専門とされる方には周知のことだが、「7オクターブ先のドを最初のドと聞き比べると、倍音にならない」のである。

大まかに説明すれば、「7オクターブ先のド」は周波数の1・5倍を12回繰り返しているため、これと「元のド」の周波数を割り算すると、微妙に「1」にならない。その結果、教会の中などで楽器を演奏した時に「うなり」が生じるのである。この「うなり」を音楽用語で「ピタゴラスコンマ」と言う。

一方、ピタゴラス音律に対して「平均律」という音律がある。有名なのはバッハの「十二平均律」で、周波数の比がきれいに一定になっている。十二平均律のルールで音を作ってゆけば、7オクターブ先のドと最初のドは倍音関係になる。

ここから音の世界と対数の関わり合いが見えてくる。

■ピアノの形は指数と対数から生まれた

それぞれの音が違って聞こえるのは、それぞれの周波数が違うからである。したがって音程の微妙な差（音の高さの違い）は、すべて周波数比で表わすことができる。

だがその場合、「1対1＝1」（完全一度）や「2対1＝2」（完全八度）のように単純ならば分かりやすいのだが、もちろんそのようなことはあり得ない。「1・05」もあれば「1・12」も出てくる。

そこで対数の出番となる。音程の単位として「セント」という値がある。「音程値」と呼ばれているが、1オクターブを1200セントと規定するものだ。十二平均律では半音1個分が100セントになる。このセントを数式で表わす時に対数が用いられるのである。対数表示は結果として使い勝手のよさをもたらした。

119ページの図で示したのは、その数式と同時に、音楽における対数が目に見える形で登場する典型である。

「ドレミファソラシド……」という音階（音の順序）を周波数比で考えると、最初の数を次々に「r倍」していくことでできる「等比数列」となり、119ページの図のような指数曲線（指数関数のグラフ）を描く。もうお分かりのとおり、グランドピアノの形は、この指数曲線が原型となっているのだ。

対数は指数の逆関数である。数学では「対数を取ること（対数変換）によって、値間の等比的な差異を等差的な差異に変える」などと表現するが、この「等差的な差異」の並びを「等差数列」と呼ぶ。

分かりやすく言えば、たとえば「10、100、1000、10000、100000……」という10倍ずつの等比数列は、対数を取ると「1、2、3、4、5……」という「1」ずつの等差数列に変身するのだ。

したがって、指数曲線がピアノの弦の長さに対応（もちろん現在のピアノの形にするためには、弦の長さを物理的に調節している）するように、等差数列である対数は、鍵盤の形に対応することになる。

■「素数の分布の仕方」を調べる方法

音の世界と数の世界。両者に共通するのは「無限」という二文字である。五線譜上に振られた音符だけが音ではない。「ドレミファソラシド……」は人間が勝手に決めた音階であって、音は無限にあるのだ。

《音楽を対数で表現すると》

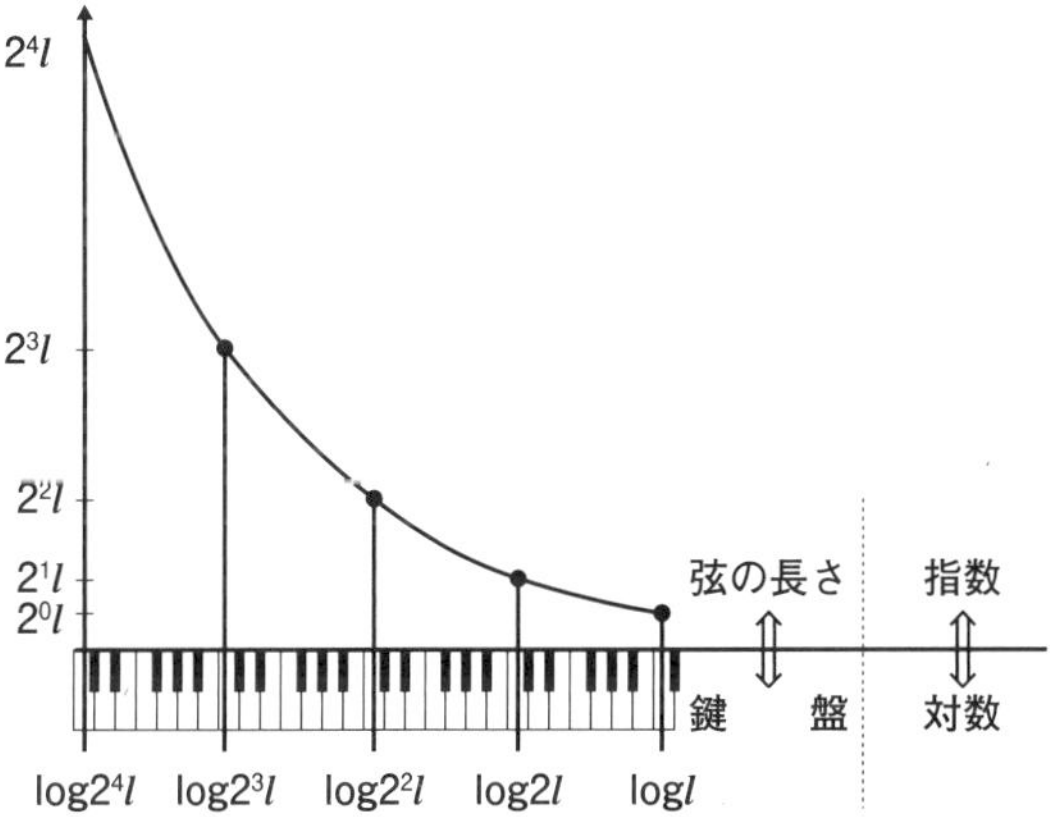

ドレミ……を周波数比で考えると指数曲線を描く。これがグランドピアノの原型である。指数の逆関数である対数は等差数列として鍵盤の形に反映される

$(10\times 10 = 10^2 = 100 \rightarrow \log_{10}100 = 2)$

音程値「セント」を求める数式　$1200\times \log_2\left(\frac{V2}{V1}\right)$

※ $\frac{V2}{V1}$は、周波数比（音程比）

ヴァイオリンの「グリッサンド」やギターの「ボトルネック」、琴の「連《れん》」という奏法は、弦を押さえた指をスライドさせることで、「ドレミ……」に対応しない微妙な音を紡《つむ》ぎ出すものだ。指のスライドにしたがって、音色はなめらかに、無限に変化する。つまり音は、はてしなくある。

数も「1、2、3、4、5……」とするのは簡単だが、「1」と「2」の間には、「1・001」もあれば「√2」もある。この無数に存在する数を実数という。しいて言えば無限個の中から、ある一つのものをすくい取ろうとして対数というシステムは機能する。

簡単な対数の問題で、「8」は「2」の何乗か。答えは「3」だ。では、「10」を何乗したら「2」になるか。

121ページのように「0・30010……」と無限に続く数が、対数の値として求められる。ネイピアと、その跡を継いだブリッグスが心血《しんけつ》を注いで完成させたのは、この「10」を底《てい》とする対数（常用対数）表であった。

さて、そこで素数の話に戻る。無限の数の世界に、素数も無数に存在する。だが、存在の仕方にはリズムがあるのではないか。実は、その「リズム」を前提として「存在の仕方」すなわち「素数の分布」を求めるために、対数が用いられるのである。

$$2^3 = 8$$

$$\log_2 8 = 3$$

$$10^{0.3010\cdots\cdots} = 2$$

$$\log_{10} 2 = 0.3010\cdots\cdots$$

■「素数定理」という美しい数式

素数を求める旅は困難を極める。「1」から「10」までの間ならば、「2」「3」「5」「7」と、たくさんの素数があるが、数が進めば進むほど、素数はまばらになっていく。ぽつりぽつりとしか見つからなくなる。

数の世界の土台を作るのが素数であると前述した。この視点をもって、素数が数の世界にどのように分布しているかを求めるのが「素数定理」である。

この見事な数式は、ドイツの数学者、ガウス（Johann Carl Friedrich Gauss）によるものだ。

神童と謳《うた》われたガウスは1792年、15

歳の時に「1」から「1000」までにある素数をすべて調べた。すると、168個の素数があった。ここからガウスは、「1からxまでの素数の個数」を右のように類推したのである。

このガウスによる予想の厳密な証明は、困難を極めた。リーマンによるゼータ関数の研究によって、素数の研究が大きく前進することになり、1896年にアダマールとプサンによって証明された。

素数定理の「x」に「1000」を代入してみると「144・8」となり、実際の個数「168」の86％に該当する。

同じように「x＝10000」の時は、「1229」個に対して素数定理では「1085・7」（88％）であり、「x＝100000」では「9592」個に対して「8685・9」（90％）となる。

素数定理の偉大さは、ネイピア数e（後述する）を用いた自然対数だけで表わされる公式のシンプルさにある。このようにガウスは、無限の数の中に素数が出現する規則を予想した。そして数学者たちは、素数を求める旅を現在進行形で続けている。ガウスの発見から2世紀を経た今でもなお、素数は未知なる部分を秘めているのだ。

《素数定理》

正の実数 x を超えない素数の個数を $\pi(x)$ とすると

$$\lim_{x\to\infty}\frac{\pi(x)}{\dfrac{x}{\log_e x}}=1$$

または $\pi(x)\sim\dfrac{x}{\log_e x}$

ここに～は両辺の比が $x\to\infty$ の時

1に収束することを意味し、

$\log_e x$ は自然対数、e はネイピア数である。

■生け花に現われた「素数」

本章の重要な力点は、日本人が大切にする「7」「5」「3」という数字が、奇《く》しくも連続する三つの素数になっていることにある。

虚飾を取り外した「元」を尊ぶ日本人の心に、数の世界の土台を作る素数の潔《いさぎよ》さが重なったのではないかと指摘したが、面白いことに、この「7、5、3」は伝統的な生け花にも採り入れられている。

簡潔に言えば、「7、5、3」は花の高さの比率を示す。すなわち、美しく花を生けるために「7対5対3」を基本とするのだが、この数は同じく花を生ける西洋のフラワーアレンジメントと比較対照することで、よりいっそう日本人の心映《こころば》えを際立たせる。

フラワーアレンジメントの基本は「8、5、3」である。これは花を横から見た時の高さ（の比率）もさることながら、真上から見た時の花の量、それに本数や色にも適用されるという。

「8、5、3」――見覚えがないだろうか。

63ページで紹介した「フィボナッチ数列」、すなわち黄金比である。螺旋を生み、発展を象徴する黄金比が、西洋の花の世界にも登場する。対して生け花の「7、5、3」。こちらは、明らかに連続する三つの素数が使われている。

違いは「8」と「7」だから、微妙な差でしかないのかもしれない。また、花を生ける実作業においては、おそらく目分量のはずである。定規を使うなどして厳密に花の高さを測る華道家やフローリストはいない。

ただ大切なのは、洋の東西でそれぞれ「8、5、3」と「7、5、3」という比率が、美しさを生む基準とされている事実である。「8」と「7」は、わずか「1」の違いでしかないが、黄金比と素数という見方をすれば、「1」の差はまったく別の意味を持つようになる。

《西洋は「8・5・3」、日本は「7・5・3」》

フラワーアレンジメントが基本とする「8・5・3」はフィボナッチ数列、生け花の「7・5・3」は連続する素数である

あらためて生け花の「7、5、3」を見てみると、「連続する三つの素数」という顔と同時に、別の個性《パーソナリティ》が隠れていることに気づく。

「7、5、3」には、日本の伝統的音韻である「5音」と「7音」も、「陽の数」である「753」も共通する。だがそれに加えて、「5」と「7」を取り出してみよう。両者の関係は第1章で紹介した「白銀比」になっているのだ。

フラワーアレンジメントの「8、5、3」の「5」と「8」が、西洋を象徴する黄金比であるのに対して、生け花の「7、5、3」には白銀比が含まれていた。「8」と「7」の差は、そのまま黄金比と白銀比の違いとなって現われたのである。

■「白銀比」で俳句を読み解く

この見方を敷衍《ふえん》すると、俳句の「五七五」をも白銀比として図形化することが可能になる。すでに何度も例示した「円に内接する正方形」に、「五七五」は鮮《あざ》やかに適合する。

俳句の白銀比による解釈は、筆者の長年の疑問に対する一つの答えであった。中学時代に国語で習った松尾芭蕉の『奥の細道』は鮮烈な印象を筆者に与えた。

第一に、その形式の簡潔さである。なぜ17文字だけで我が故郷、山形の自然の美とそれ

$$
\begin{aligned}
5:7 &= 1:1.4\\
&\fallingdotseq 1:\sqrt{2}
\end{aligned}
$$

を詠《よ》む人の心までを合わせて表現できるのか。その必要にしてかつ十分な構成に、感動を通り越し驚きを感じた。

　ただわかることは、そこに揺るがない作法としての数のリズムがあることだけだった。鍵はその「五七五」にあるはずだ、14歳の筆者は思った。

　そして第二に、なぜ五七五のフォーマットはかくも見事で普遍的なものとなり得るのかという疑問であった。

　これらの疑問は解かれることなく月日が過ぎた。そして、面白いことに華道によって一つの道しるべが見つかったのであった。七五三の作法そして、後述するさらに別な流派の正方形とその中に描かれた対角線の紋章が、五七五の「形」を想起させてくれたのだ。まさにそれは、あのヤコブ・ベルヌーイがフィボナッチ数列から対数螺旋を考え出したことを思い出させる。それでは、以下に俳句における五七五の解釈のポイントをまとめよう。

○俳句は縦に一列に表記される。つまり見た目、直線の形状をとるが、五・七・五の三つのパートは三角形の3辺に相当し、平面的な拡がりを持つと捉えることができる。
○辺の長さを五・七・五とする三角形は、ほぼ直角二等辺三角形である。正確にその3辺の比は1対1対$\sqrt{2}$であるが、$\sqrt{2}$は1・4と近似できることから、その整数比は、5対5対7と近似される。つまり俳句は、円に内接する正方形を半分にした三角形を形づくる構造を持っている。
○基本的に日本語の文字は、正方形を下敷きに形作られている。日本語を使った俳句の韻律の構造は、その最小単位である文字が正方形の構造を持ち、五七五の全体が正方形の半分である直角二等辺三角形を構成する。つまり、俳句には正方形の二重構造を見つけることができる。

《俳句と白銀比》

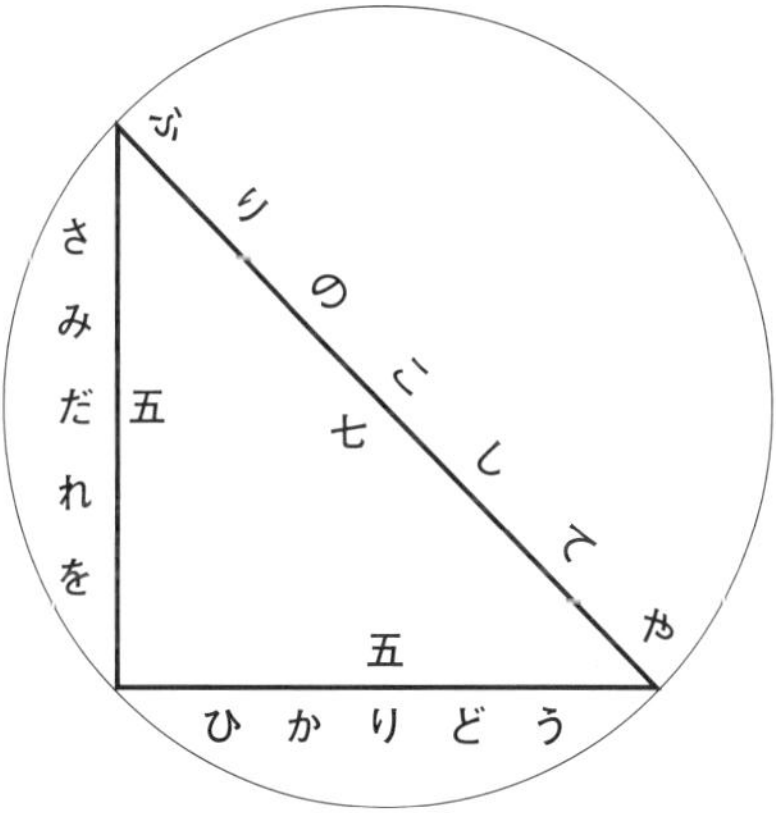

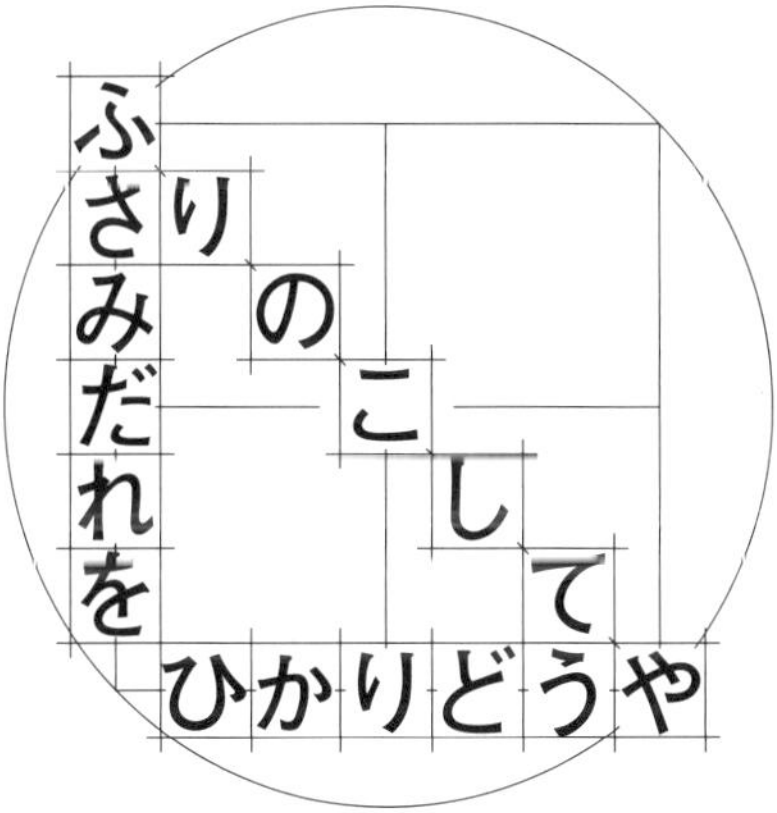

芭蕉が旅で到達した境地が「不易流行《ふえきりゅうこう》」であった。不易とは永遠に変わらないもの、流行はそれとは逆に、時とともに変化するものという意味である。芭蕉が五・七・五のリズムを自然に選び続けた理由がこの言葉に凝縮している。刻々と変化する自然の風景とそれを感じる人の心、つまり流行を季語や五七五という不易によって、形に仕上げられるのである。

俳句とは、自然と心のダイナミズムを円に内接する正方形の中に収めることで冷凍・凍結する技、魔法の呪文なのである。そして、俳句はそれを読む人の心の中ではじめて解凍し、心の中にダイナミズムが出現するのである。こうして俳句は、永遠の存在に完成したのではないか。

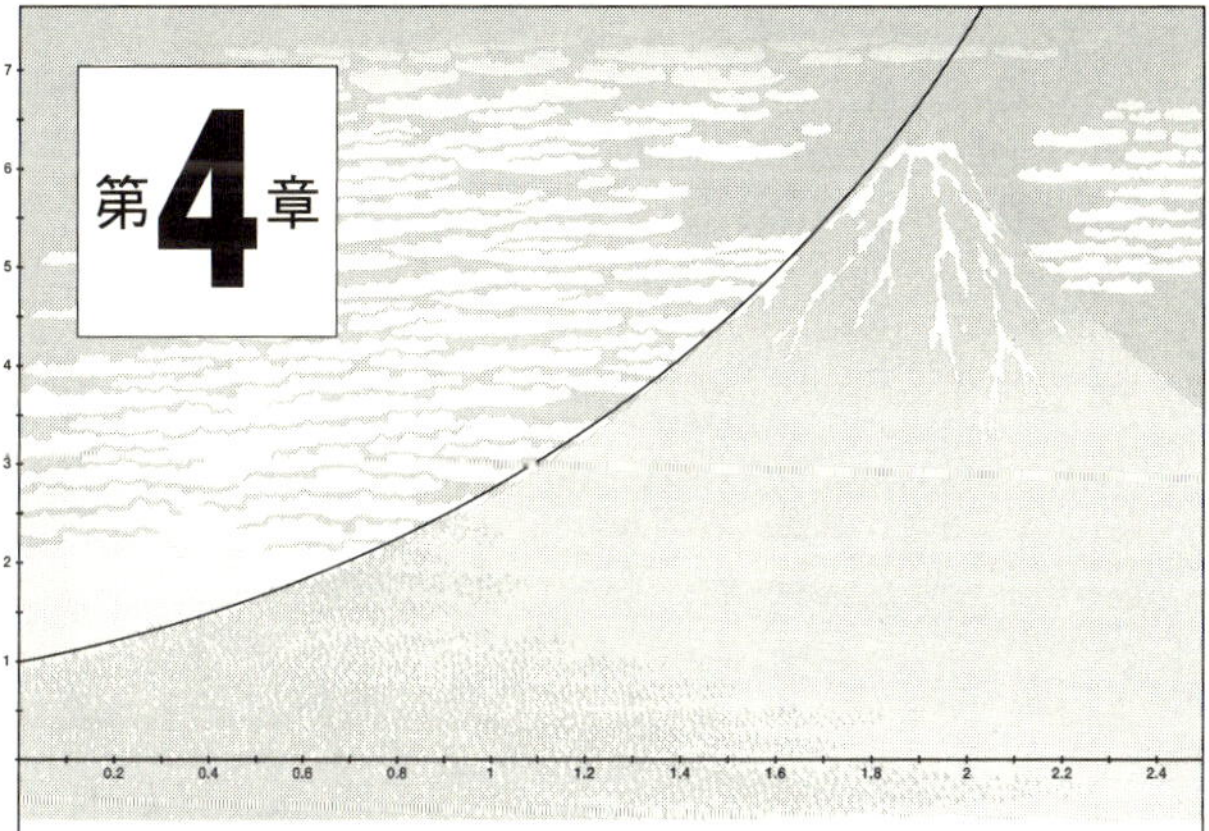

第4章

江戸の驚異的数学
「和算」の世界

天才数学者を輩出する日本、
その伝統と理由

■縄文時代にも数学はあった

数学は国家の成り立ちと不即不離《ふそくふり》の関係にある。なぜなら、国という共同体を律するためには測量と暦を欠かすことができないからである。耕作地の面積から農作物の出来高を予測し、太陽や星の動きを観測して種まきと収穫の時期を知る。いずれも数学が基盤になければ不可能なことだ。

日本における農耕の起源については諸説あるが、青森県・三内丸山《さんないまるやま》遺跡の発掘により、縄文時代にすでに行なわれていたのではないかとも指摘されるようになった。その認定は考古学者に任せるにしても、たしかに三内丸山にも「数学」が存在していたはずである。それは建築物の遺構を見れば分かる。

有名な六本柱建物跡は、縄文人が直径約1mの栗の木を4・2m間隔（幅2m、深さ2m）で整然と並べていたことを如実に物語っている。復元すると高さ32mの3階建てになるというが、数学的知識に裏打ちされた測量技術がなければ、これほどの巨大建築を作ることはできない。

文字史料が残されていないため、三内丸山でどのような数学が用いられていたのかは窺《うかが》うべくもない。だが、日本の数学の源流を「ムラ」や「クニ」の誕生当時にまで辿れることは確実だろう。

ただし、文字どおりの「学問」としての数学は、大和《やまと》時代に中国から朝鮮半島を経由してもたらされたと言われている。奈良時代には「大学寮《だいがくりょう》」という官吏養成制度の下、30人の生徒（「算生《さんしょう》」と呼ぶ）が当時の先端数学を学んだ。そのレベルは相当に高く、現在で言うピタゴラスの定理や連立方程式の解法も含まれていたらしい。

平安時代には、こうした高等数学に加えて実用的な計算が重宝がられ、貴族たちの間に「九九」が広まった。源為憲《みなもとのためのり》が著わした『口遊《くちずさみ》』に、日本最古の「九九」の表が記されている。

もっとも、「九九」自体が日本に導入されたのは平安以前のようで、『万葉集』を訓《よ》み下す際に「九九」を用いる例を見ることもできる。たとえば次の歌である。

若草《わかくさ》の新手枕《にいたまくら》をまきそめて夜《よ》をや隔《へだ》てむ憎《にく》くあらなくに

（若草乃　新手枕乎　巻始而　夜哉将間　二八十一不在国）

カッコ内の万葉仮名のうち「二八十一」を「にくく」、つまり「81＝9×9」と読ませているわけである。

その後、室町時代末期に中国からソロバンが伝来すると、商業活動の活発化に伴い一気に普及し、庶民の間でも実用的な計算が広く行なわれるようになった。同時に、ソロバンの使用法や練習問題などを解説した書物の需要が急増する。

■江戸のベストセラーとなった数学書とは

江戸時代初頭には、『算用記《さんようき》』や『割算書《わりざんしょ》』といった、いわゆる算術書が出版されている。とりわけ1627（寛永《かんえい》4）年、吉田光由《よしだみつよし》が著わした『塵劫記《じんこうき》』は爆発的に売れた。

吉田は1641（寛永18）年に『新篇《しんぺん》塵劫記』を出版するなど、何度も改訂版を書いているが、それに加え『塵劫記』の解説書などが大量に生まれた。江戸期250年間で『塵劫記』と名の付いた本は、実に400種以上ある。それほどの大ベストセラーだったのである。

『塵劫記』の広まりによって、江戸時代には日本独自の数学が急速に発達する。これを明治以降に導入された西洋の数学、すなわち「洋算」に対し、「和算」と呼ぶ。

特筆すべきは、『塵劫記』にも見られる「遺題継承」というシステムである。

「遺題」とは、簡単に言えば「解答を示さない問題」のことで、読者への宿題のようなものだ。「この問題を解いてみなさい」と著者が出題し、次世代を担《にな》う若者がその問題を解く。解いた若者は、また次の世代に問題を出してゆく。出題と解答の連鎖である。「遺題継承」に似た形式で「算額奉納《さんがくほうのう》」もさかんに行なわれた。和算の問題を木製の額に書き（これを算額と言う）、絵馬として神社仏閣に奉納するのである。問題が解けたことを神仏に感謝するという意味で、解答を書いた算額も奉納した。やはりここでも出題と解答が連鎖する。

出題と解答を繰り返してゆくことは、和算発展の原動力となり、人々の数学力は格段に飛躍した。そして一人の天才数学者が出現する。

■天才数学者の登場

関孝和《せきたかかず》。

1640（寛永17）年、上州藤岡《じょうしゅうふじおか》（群馬県藤岡市）生まれ（1642年、東京の小石川《こいしかわ》生まれとする説もある）。甲府藩主・徳川綱重《つなしげ》、綱豊《つなとよ》に仕え、綱豊が5代将軍・徳川綱吉《つなよし》の養子になると同時に、直参《じきさん》の旗本《けたもと》となる。

後に「算聖《さんせい》」と称揚され、和算の世界で最も有名な人物である。

関の名が一躍クローズアップされるのは、やはり「遺題継承」というシステムによってであった。1671（寛文11）年出版の『古今算法記《ここんさんぽうき》』（沢口一之《さわぐちかずゆき》著）に掲載された遺題15問を、関は一気に解いてみせたのである。

関は1674（延宝《えんぽう》2）年、『古今算法記』の解答書として『発微算法《はつびさんぽう》』を著わし、15問すべての解答を載せた。ただ、関の解答はごく短いものであったため、本当に正解なのかどうか批判を浴びる側面もあったらしい。

そこで、後に紹介する門弟が、厳密な計算を行なったうえで関の解答が正しいことを証明する。沢口、関、関の弟子へと、一つの問題が脈々と受け継がれていったわけである。

関の『発微算法』は、数学的には「文字係数の多元高次方程式」を解くものだったが、この書を転換点として、日本独自の数学がその後200年にわたり発展することになる。

今、関の業績を列挙するだけで、彼がどれほどの天才的数学者だったかが知れようというものだ。傍書法《ぼうしょ》、代数方程式、ニュートンの近似解法、極大極小理論、終結式と行列式、近似分数、関・ベルヌーイ数、円周率の計算、ニュートンの補間法《ほかん》、求弧術《きゅうこ》、パップス・ギュルダンの定理、円錐曲線論……。

《関孝和と「遺題継承」》

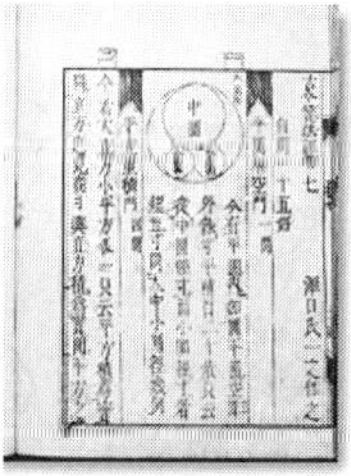

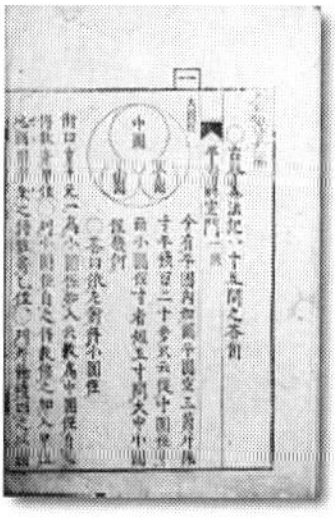

関は、『古今算法記』（左）で出題された15問を
自著『発微算法』（右）ですべて解いた

（和算研究所所蔵。関の肖像は一関市博物館蔵）

関はこれだけの理論を独学で作り上げた。いったい何が、彼をそこまで数学の道に駆り立てたのだろうか。

■「筆算」を発明

もちろん、日本の数学は中国の数学を元にしたものであり、関自身も中国のテキストを使って勉強した。だが、関は中国の数学を自家薬籠《じかやくろう》中のものとして完全にマスターし、それらをブラッシュアップして関流＝日本流に改良してしまったのである。

たとえば中国から伝わった「天元術《てんげんじゅつ》」という方程式がある。これは変数が一つで、要するに「x」の方程式しか解けない。ところが数学では、変数は一つとは限らず、x以外にyもzもある。

また天元術では「算木《さんぎ》」と「算盤《さんばん》」を使って計算を行なっていた。算木は５㎝ほどの小さな木の棒で、本数と並べ方で数を表わす。算盤は算木を置くための布（または紙）だ。つまり当時の人々は、計算の際に算木という道具に頼っていたわけである。

ところが関は、xの方程式しか解けない天元術をx、y、zといった多変数でも解けるように拡張すると同時に、算木を使わず墨と筆を用いて、紙の上で計算ができるようにした。道具を必要としない計算、すなわち「筆算」である。

この革命的な発明を、関は「傍書法」と名づけた。傍書法によって抽象的かつ高度な変数計算なども行なえるようになり、中国伝来のものから脱却して、日本の数学は一段の高みに登るのである。

■世界に先がけて発見した公式

関が存命中に自らの著作として出版した書物は、意外なことに『発微算法』のみである。だが、書き残した膨大な著述は、遺稿となって後年、門弟たちの手で世に送り出された。代表的なものに『括要算法《かつようさんぽう》』がある。

関が没したのは１７０８（宝永《ほうえい》５）年、『括要算法』の出版は１７１２（正徳《しょうとく》２）年だが、その内容は関が１６８０（延宝８）年から１６８３（天和《てんな》３）年ごろにかけて書いたものとされ、いかに彼が当時の先端を進んでいたか知るにつけ、驚きを禁じ得ない。

たとえば高校で「数列の和の公式」を習う。有名な「ベルヌーイの公式」だ。ベルヌーイとは76ページの「対数螺旋」でも紹介したスイスの数学者、ヤコブ・ベルヌーイのことで、流体力学で必ず登場する「ベルヌーイの定理」を発見したダニエル・ベルヌーイの伯《お》父《じ》にあたる。

ベルヌーイは、1713年に出版された確率論『推論術』（*Ars conjectandi*／『推測法』などとも訳される。没後8年を経ての出版）で、「ベルヌーイ数」と呼ばれる重要な数を発表しているのだが、関は『括要算法』において、すでに「ベルヌーイ数」を発見しているのである。

説明を省略して言えば、関は計算を繰り返すことで「ベルヌーイの公式」に到達した。『括要算法』を見ると、関の記述が正確に「ベルヌーイ数」に対応していることが分かる。

141ページに示すように、この数式は「ベルヌーイの公式」ではなく「関・ベルヌーイの公式」と呼ぶべきものである。いや、われわれは日本人は、「関・ベルヌーイの公式」として世界に発信しなければいけない。

関はベルヌーイよりも14歳年長だが、ほとんど同時代を生き、「公式」が世に出たのもほぼ同時期である。だが、関がこの公式を世界に先がけて作り出した事実を揺るがすことはできないのだ。

《関・ベルヌーイの公式》

$$\sum_{i=1}^{n} i^{k} = \sum_{j=0}^{k} {}_{k}C_{j}\, B_{j} \frac{n^{k+1-j}}{k+1-j}$$

■円周率への挑戦

そして関は、有名な円周率の計算に挑む。

円周率「π《パイ》」＝3・14159265……。円周率を求める行為こそは数学の本道であり、王道である。古今東西、天才と呼ばれる数学者は、おしなべて円周率に取り憑《つ》かれているのだ。いわんや関もまた例外ではなかった。関の『括要算法』に、円周率を求める計算が出てくる。

円に内接する多角形を描き、その長さ（内接正多角形の周の長さ）を計測すれば、円に近い周の長さは求められる。ただし、もちろん実際には、角が多くなればなるほど多角形を描くことは難しくなる。そこで計算をするのだ。

その計算たるや、四（2の2乗）角形から始め、実に2の17乗（13万１０７２）角形の周の長さを求めるにまで至っている。この時点で関が求めた多角形の周は、次のとおりである。

2の15乗（３２７６８）角形の周＝３・１４１５９２６４８７７６９８５６７０８
2の16乗（６５５３６）角形の周＝３・１４１５９２６５２３８６５９１３５７１
2の17乗（１３１０７２）角形の周＝３・１４１５９２６５３２８８９９２７７５９

すでに円周率「π」の３・１４１５９２６５……に近似していることが分かるが、関はここから「定周を求む」として、画期的な計算式を編み出した。それは１４３ページのようなものである。

この計算式は、現代の数値計算法で「加速法」と呼ばれるものである。私たちはここにも関の天才性を見ることができる。

ともかく、関はこうして円周率の法則を発見した。「三尺一寸四一五九二六五三五九

《関孝和の円周率》

$$\pi = 65536\text{角の周} + \frac{(65536\text{角の周} - 32768\text{角の周})(131072\text{角の周} - 65536\text{角の周})}{(65536\text{角の周} - 32768\text{角の周}) - (131072\text{角の周} - 65536\text{角の周})}$$

＝三尺一寸四一五九二六五三五九　微弱

微弱」。アラビア数字で表記すると「3・14159265359……」である。末尾の「微弱」とは「さらに続く」を意味している。

■さらに円周率を究めた高弟とは

それでも関は「円は非常に難しい」と語っている。2の17乗角形までで計算してもなお、小数点以下第11位までしか求まらないことが、彼にそう言わしめたのかもしれない。

ところが、関の円周率計算を受け継ぎ、関よりも多い小数点以下第41位まで出すことに成功した弟子が登場する。名を建部《たけべ》賢《かた》弘《ひろ》という。

関の下には多くの門弟が集ったが、その中で一番の高弟とされるのが建部賢弘である。建部は弱冠12歳にして関の門を叩き、19歳の時にはすでに『研幾算法《けんきさんぽう》』という数学書を著わしている。この書は後年の『発微算法演段諺解《えんだんげんかい》』と合わせ、先述した関の傍書法の正しさを証明し、より広く普及させる結果をもたらした。暗算が得意で優秀な建部に、関はほとんど教えることがなかったともいう。

建部の円周率計算は、現代数学の言葉を借りて言えば「リチャードソン加速を用いた無限級数展開の公式」というもので、字面《じづら》だけを見ても難解な代物《しろもの》だ。

ごく簡単に説明すると、関が2の17乗（13万1072）角形まで計算して小数点以下第11位までを求めたのに対し、建部は2の10乗（1024）角形という粗《あら》い計算で、なんと小数点以下第41位まで出してしまったのである。

この公式は建部が1722（享保《きょうほう》7）年に著わし、後に8代将軍・徳川吉宗《よしむね》に献上した『綴術算経《てつじゅつさんけい》』に記されているが、かの大数学者、オイラーの発見に15年も先立つものであった。建部は時として「師である関孝和を超えた」と称されるが、このようなところに要因が見て取れる。

関と建部の年齢差は24歳である。建部は関の業績を受け継ぎ、「π」を徹底的に追い求

《建部賢弘が求めた円周率》

$$\pi = 3\sqrt{1+\frac{1^2}{3\cdot4}+\frac{1^2\cdot2^2}{3\cdot4\cdot5\cdot6}+\frac{1^2\cdot2^2\cdot3^2}{3\cdot4\cdot5\cdot6\cdot7\cdot8}+\cdots\cdots}$$

＝三尺一寸四一五九二六五三五八九七九三二三八四
六二六四三三八三二七九五〇二八八四一九七一二

めた。

いやむしろ、関と建部、二人して「π」を追いかけたと言ってよい。彼らが生きた当時、記号としての「＝《イコール》」は日本になかったが、数学は「＝」というレールの上をバトンタッチしていくリレープレーであることを、関と建部の二人は演じてみせた。

■真理の探究と免許皆伝

関も建部も、徳川家に仕《つか》えていたとはいえ、さほど身分は高くない。現代で言えばサラリーマンである。職務としては和算を応用した暦の作成、および測量が主であった。

関が当時の暦の改良に取り組んだことは

よく知られている。

しかし、やはり関や建部の心が赴《おもむ》いたのは、真理の探究という側面のほうが強かったと思われる。暦や測量などの実用レベルを和算の応用とすれば、関や建部はそれを超越した、いわば「数道」、「算道」と呼ぶべき次元を歩んだのではないか。その姿勢はきわめてストイックに映る。

研究を続けても常に道半《なか》ばとし、前にも述べたように関が存命中に発表した著作はわずか1点である。それを見かねたのか、弟子である建部は「関先生、本を出してもよろしいでしょうか」と『研幾算法』や『発微算法演段諺解』を書いた。ただし関のほうも、おそらくは「まあ、それだったらいいかもしれないね」程度で、喜んで勧めたわけではなかったようである。

名誉や地位に拘泥《こうでい》せず、純粋に数の世界に惹きつけられたからこそ、そして自らのアイデアを高めたからこそ、学問としての和算を確立しえたのではないだろうか。もっとも、関や建部だけが突出した和算家だったわけではない。

和算の特徴の一つに「免許皆伝」がある。日本の伝統的諸芸と同じく、師が認めた弟子に対して免状を出し、奥義を伝えるのだ。

当然のごとく和算の世界には、関孝和の関流を頂点として、最上流《さいじょう》、中西流《なかにし》、宅間流《たくま》、中根流《なかね》など多くの流派が誕生し、またそれらから多くの分派が生まれていくのである。

さらに関流の門人で、後に「遊歴算家《ゆうれきさんか》」と呼ばれる千葉胤秀《ちばたねひで》のような、日本中を放浪しながら数学を教える人たちも出現した。つまり和算の指南役である。こうして和算は洗練を重ねると同時に裾野を広げ、当時の人々の間に浸透することになる。

■庶民の生活に密着した問題

和算はけっして一部の天才たちのものではない。江戸期に発達した日本独自の数学を和算とするならば、むしろ彼ら天才や学者を輩出したのは、江戸庶民の、もっと言えば日本人の「数学好き」な体質が土壌としてあったからである。

日本人を数学好きと断定すると、今の子どもたちは即座に反論するかもしれない。「数学（算数）なんて大嫌い」と。

しかし、「嫌い」ということは「好き」の裏返しなのである。何かのきっかけで「苦手」が「嫌い」に転化しただけなのだ。

それはともかく、当時の江戸庶民が数学好きであったことは、先に紹介した『塵劫記』

の大ヒットが証明している。極論すれば、一家に1冊、『塵劫記』があったのである。

『塵劫記』最大の特徴は、掲載されている問題が、おしなべて日常生活に密着している点にある。まるでゲームやクイズのように、身の回りにある事象を用いて問題を出している。一例を挙げてみよう。

149ページに掲げたのは、「俵杉算《たわらすぎざん》」と呼ばれるもので、等差数列の和を求める問題である。当時、三角形に積んだ米俵を杉の木に見立てて「杉形《すぎなり》」などと言っていたことからこの名が付いたようだ。他に『塵劫記』には、

＊「検地」（台形や円形の田の面積を求める問題）
＊「盗人《ぬすびと》算」（現代の「過不足算」。方程式の問題）
＊「油分け算」（与えられた容器だけを用いて油を等分する問題）
＊「入れ子算」（収納具を用いた数列の問題）

など、それこそ暮らしの中の数学が百花繚乱《ひゃっかりょうらん》のにぎわいを見せている。興味のある方は岩波文庫に収録されているので、一読をお勧めする。

《『塵劫記』にある「俵杉算」の問題》

〈現代語訳〉図のように、最も下の段に俵が18俵ある。

1俵ずつ減らして上に積んでゆき、いちばん上の段が8俵になった時、俵は全部でいくつあるか。

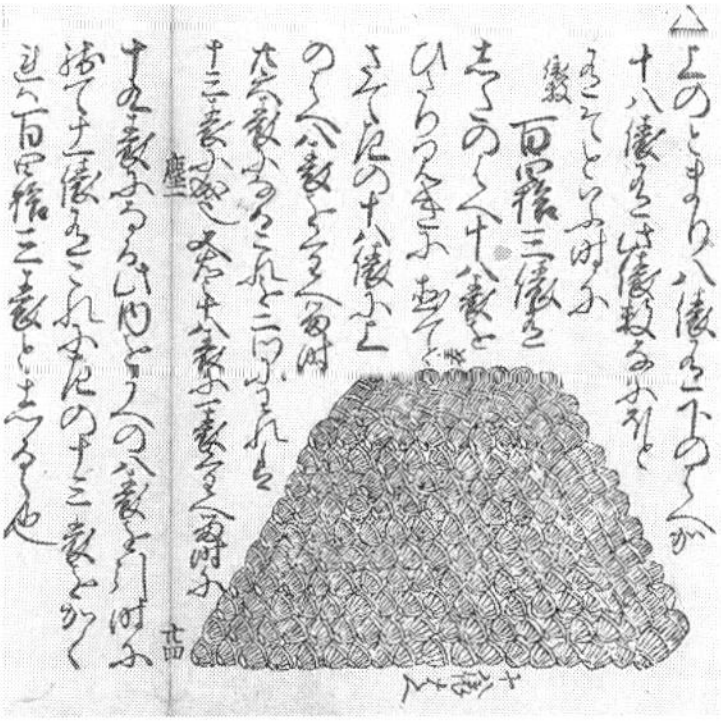

〈解答〉段の数は(図を数えてもよいが)18−8+1=11。
俵を逆に積んだものを付け加えると、
1段が18+8=26俵、高さが11段の平行四辺形となる。
求める俵の数はこの半分だから、

(18+8)×11÷2=143

143俵

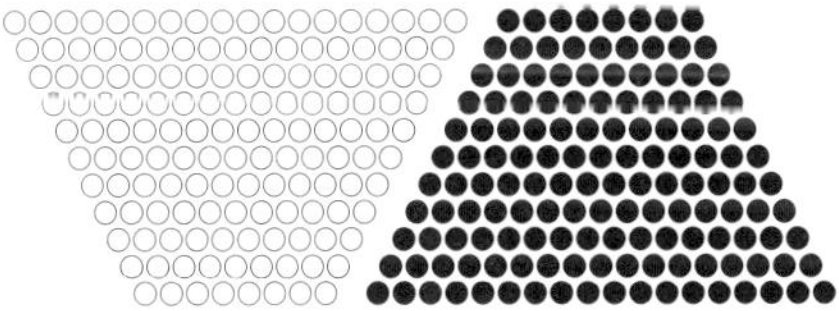

■「ねずみ算」の不思議な旅

そこでもう1問だけ、『塵劫記』から引用してみたい。現代の日常用語でも使われる「ねずみ算」である。

151ページの図で示したように、ねずみは等比級数的に増えてゆく。つまり等比数列の和の問題である。実際にねずみがこのような数にまで繁殖することはないのだが、さも「ありそうなこと」として出題するところに『塵劫記』の真骨頂が見て取れる。

ところで、この「ねずみ算」を見て、何かお気づきにならないだろうか。どこかで似たような問題があったのでは……？　そう、65ページで紹介した、レオナルド・フィボナッチによる「ウサギのつがいの問題」である。

〈雌雄1つがいのウサギが産まれた。ウサギは満2カ月目に子を産み、以後、毎月雌雄1つがいを産む時、最初の1つがいは1年の終わりには何つがいほどになるか〉

13世紀、フィボナッチが純粋な数列の問題として考え、やがて黄金比を導き出す「ウサギのつがい」が、江戸の日本に姿を変えて現われたのである。

《『塵劫記』の「ねずみ算」》

〈問題〉ねずみの父、母がいる。この夫婦が正月に子を12匹産むと、親子で14匹になる。2月になると、ねずみは親子ともに12匹ずつ子を産み、親、子、孫の合計で98匹になる。この規則にしたがって次々に12匹ずつ子を産んでゆくと、12月には合計で何匹になるか。

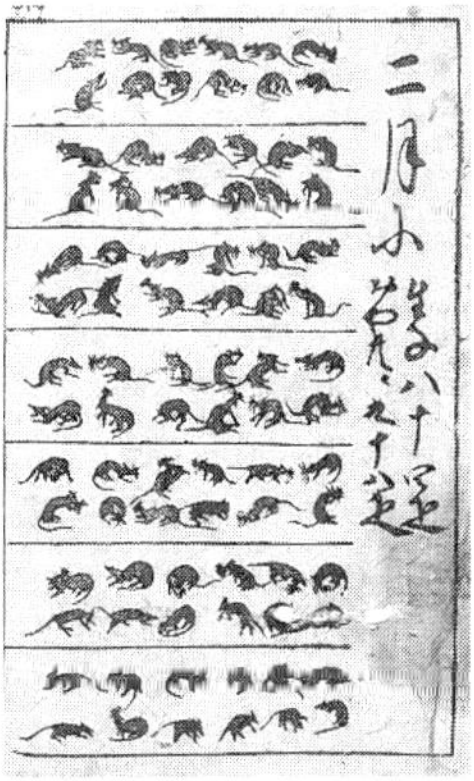

〈解答〉1組のねずみ夫婦が6組の夫婦を産むと考える。

正月：$2+2\times6=2\times7=14$

2月：$(2\times7)+(2\times7)\times6=(2\times7)\times(1+6)=2\times7^2$

3月：$(2\times7\times7)+(2\times7\times7)\times6=2\times7\times7\times7=2\times7^3$

↓

12月：$2\times7\times7\times7\times7\times7\times7\times7\times7\times7\times7\times7\times7=2\times7^{12}$

276億8257万4402匹

両者の間には何の接点もなかったと思われるが、それにしても、数学の時空を超えた旅に感じ入らざるをえない。

■寺子屋と「夢」

『塵劫記』が愛読された江戸期。言うまでもなく子どもたちは寺子屋に通い、「読み、書き、ソロバン」を習った。「ソロバン」が今で言う算数、数学である。

おそらくその背景には、江戸時代という安定した社会状況下で大きなコミュニティが生まれ、経済がシステムとして健全に機能し始めたことが考えられる。貨幣経済が発達し、必然的に計算能力が求められた。数を数え、記録することが日常生活に必須となった。したがって庶民は、リテラシーとしての「読み、書き、ソロバン」を身につけるべく、子どもたちを寺子屋に通わせたのだろう。

ただ、江戸時代の寺子屋と現代の学校はイコールではないと考えられる。

たしかに寺子屋に通う子どもたちは、生活上の必要に迫られていたかもしれない。しかし、義務教育ではない。上の学校に進学することが目的でもない。テストのために勉強するということもない。

いや、もしかしたら当時の子どもたちには、「勉強」という表現すら不適当かもしれないのである。

当時の寺子屋を描写した風俗画などを見ると、非常に和気藹々《わきあいあい》とした雰囲気の中で学習していることが分かる。そこには現代のように「勉強しなさい」と命ずる親もいなければ叱責する教師の姿もない。

時代は下るが、農家に生まれた高橋積胤《たかはしつみたね》という和算家は、幼い頃、農繁期にもかかわらず算数を習いに先生の下へ出かけてゆくことがしばしばあり、おかげで家族には不評だったという。

それほどではないにせよ、多くの子どもたちは、何里もの道を歩いて寺子屋に通ったのである。だからこそ、寺子屋と今の学校がイコールではないと思われるが、ではなぜ江戸時代の子どもたちが、そこまで「数学好き」であったのか。

少なくとも、寺子屋に行くこと、そこで学ぶことに、憧れや夢があったのだろうことは想像できるのだが。

■江戸時代の合理的な「九九」

さて寺子屋で教えられたのは、日本の数学の知恵と言うべきものである。掛け算の「九九」は上代に中国から伝来したと前述したが、江戸期には中国固有の「九九」を独自に消化し、そして昇華している。端的に言えば、江戸時代の「九九」は36個しかなかったのだ。

どういうことか。現在でも「九九」は「1×1＝1」から始め、「9×9＝81」で終わる。ところが江戸時代には、まず「1の段」を取り外した。自明のこととして、9個の計算を省略したのである。

そして「8×9＝72」を覚えれば「9×8＝72」を覚える必要はないとして、これも省略した。結果、36個ですませることになった。最適な計算の個数は81ではなく36であるというレベルに、日本人は「九九」をリファインしていたのである。

付け加えて言えば、江戸時代には割り算の「九九」もあった。今、私たちは「どうにもならない」という意味で「にっちもさっちも行かない」と口にするが、漢字では「二進も三進も」と書く。これは「割り算の九九」に由来している。

「2÷2」のことを、割り算の九九では「二進の一十（にしんのいちじゅう）」と言った。

同じく「3÷3」は「三進の一十（さんしんのいちじゅう）」。ともに「割ると1になり、余りが0」の意味である。

「二進の一十」は音便化して「にっちんのいんじゅ」と発音し、「三進の一十」も「さっちんのいんじゅ」と発音された。

こうして、2でも3でも割り切れない（二進、三進できない）ことから「二進《にっち》も三進《さっち》も行かない」が生まれたという次第である。心なしか、寺子屋で子どもたちが楽しそうに「九九」を唱和する声が聞こえてくるようだ。

■印刷というテクノロジーがなければ数学は発展しない

江戸時代に数学が庶民レベルで広まったもう一つの要因に、精度をきわめた印刷技術が挙げられる。

数学はその性質上、微細な表現が求められ、もちろん誤記があってはならない。江戸の印刷技術はそれを可能にしたのである。印刷、および印刷物を1冊の本に仕上げる製本というテクノロジーがないかぎり、数学は発展しない。

さらには、印刷物を複製し、流通させるシステムがなくてはならない。この点においても、江戸という社会はほぼ完全に整っていた。版元《はんもと》があり、書店があった。

日本人の手先の器用さが美しく正確な印刷を実現し、それを商売に結びつける才覚があったからこそ、書物が全国に行き渡り、数学の普及を促進したのである。

『塵劫記』を見ていただければ一目瞭然だが、ソロバンの使い方から始まり、先に挙げた「俵杉算」、「ねずみ算」、それに「油分け算」や面積、体積の問題に至るまで、ことごとく絵入りで出題・解説してある。

そのきめ細かな誌面作りを裏打ちしたのが当時の印刷技術である。日常性豊かな内容であることももちろんだが、印刷と製本の高い技術は、けっして当代一のベストセラーになったことと無縁ではないだろう。

江戸の庶民は数学に親しみ、楽しんでいたのである。

■和算が姿を消した日

ところが、隆盛を極めたはずの江戸の数学——和算は、ある時を境に忽然《こつぜん》と日本の歴史から姿を消してしまう。

言うまでもないことだが、「ある時」とは明治維新のことである。幕藩体制の崩壊と文

《印刷技術の高さが江戸の数学を発展させた》

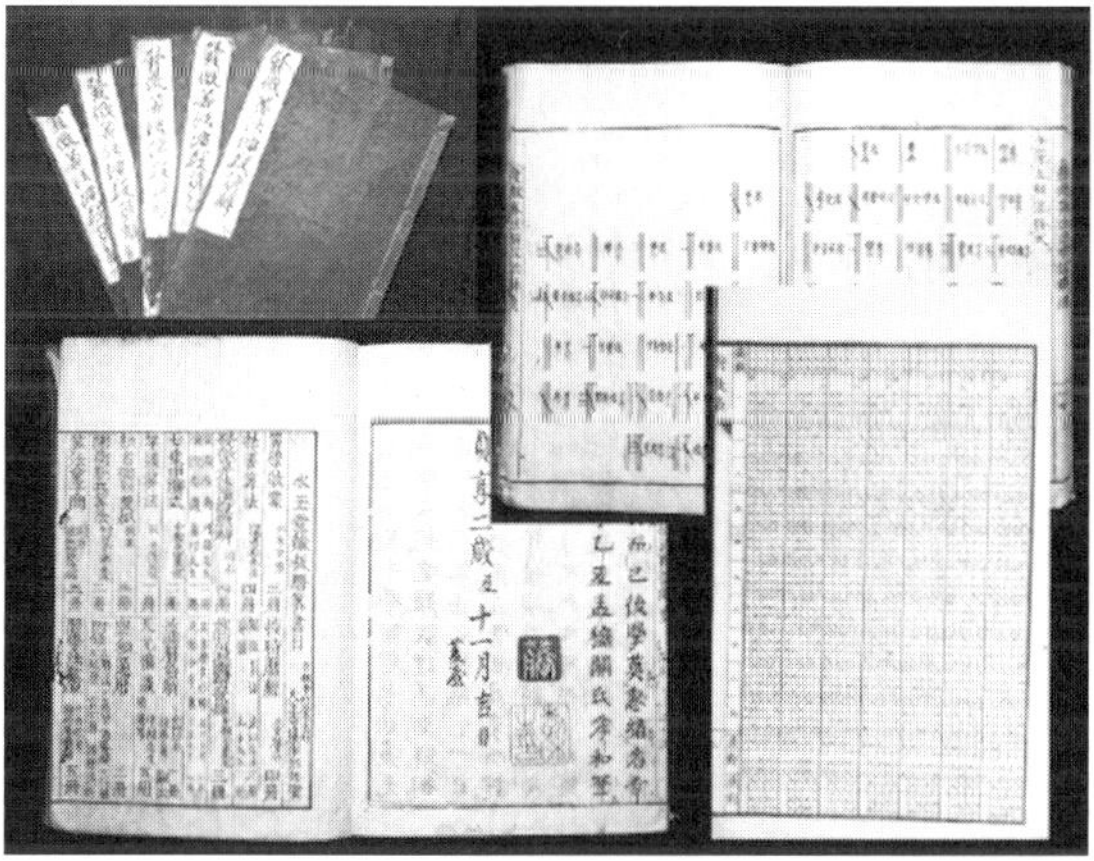

江戸期には印刷、製本の高い技術とともに出版、流通のシステムが整っていた。その結果、誰もが正確な数学の知識を得ることが可能になった

写真左上は『発微算法演段諺解』
右上は同書の見開き部分。
左下は算術書や暦の目録
（和算研究所所蔵）

明開化。社会の欧風化にともなって、数学もまた西洋式に取って代わられることになった。

なぜかと言えば、理由は簡単である。富国強兵、殖産興業という国策の下、イギリス、ドイツから工業機械や軍需物資が続々と日本にもたらされた。その組み立てや使用法の解説書は、すべて西洋の文字、数字、数式で書かれているのだ。

西洋から技術者を招き、教えを請《こ》うにも同じことで、彼らの数字、数式、数学に合わせなければならなかったのである。もはや和算の出る幕はない。西洋数学、すなわち「洋算」が日本のスタンダードとなるのに時間はかからなかった。

では和算と洋算の何が違ったのか。第一は筆記法である。和算は縦書きで漢数字であるのに対し、洋算は横書きでアラビア数字を用いる。それに記号が加わる。イコール、プラス、マイナス、そしてサイン、コサイン、タンジェント。

面白いことに、今、私たちが当たり前のように習っている数学の原型は、すでに明治時代にほとんど確立されていた。三角関数もあれば微分・積分も19世紀末の日本には導入されていた。なぜなら、ヨーロッパの数学自体、原型がその頃にできあがっていたからである。

幕末から維新を経て、社会体制も価値観も180度転換した日本人にとっては、数の世界の変化にも、とまどいが大きかっただろうことは容易に察せられる。

逆のことを想像してみればよい。現在の私たちが数学の授業で、あるいは生活の場で、「では今日から数字は漢数字、書き方は縦書き、『＋』も『－』も使用禁止」と言われたらどうなるだろうか。

しかし、明治の日本人は、その大変化を乗り越えたのである。

「1」は「壱（一）」、「2」は「弐（二）」、「＋」は「足す」、「－」は「引く」、「÷」は「割る」に相当する――和算との対応を確認し、翻訳して、覚えた。そして新しい「言語」に馴染み、納得するやいなやすぐさま使い始めたのだ。

先に紹介した和算家の高橋積胤は、まさに江戸末期から明治の過渡期を生きたが、アラビア数字の練習をしていたことが記録に残っている。

数に親しんだ和算の伝統があったがゆえに、日本人は「洋算」にも適応できたと思えてならない。

■「最後の和算家」とは

もちろん、明治維新のその日から、和算がぷっつりと途絶えてしまったわけではない。和算の流派自体は明治時代にも残り、最後の「算額奉納」は大正時代に行なわれている。ただ、次第に国策としての洋算に凌駕《りようが》され、和算という仕組みが歴史からフェイド・アウトしていったのだ。

関孝和の流れは、岩手県一関《いちのせき》市の千葉胤秀に行き着くことになる。147ページで述べた「遊歴算家」と呼称される人物である。

千葉は長じて算数の先生になり、日本全国、とくに東北地方を回って教えたという。愛弟子の数は3000人に上ると言われる。江戸で関流和算の免許を得て、1830（文政《ぶんせい》13）年には『算法新書』という数学書を著わしている。

そして最後の和算家と呼ばれるのが、繰り返し紹介してきた宮城県白石《しろいし》市の高橋積胤である。簡単に触れたが、この高橋積胤は農家の生まれで、忙しい時にも手伝いをせず、寺子屋に通った。それほど算数が大好きで、会田安明《あいだやすあき》の創始による最上《さいじよう》流を継承している。

高橋が手ずから書いた計算の跡は、今も大切に保管されており（161ページ）、中には「最上流秘伝奥義書」なるものも残っている。

《最後の和算家が残したもの》

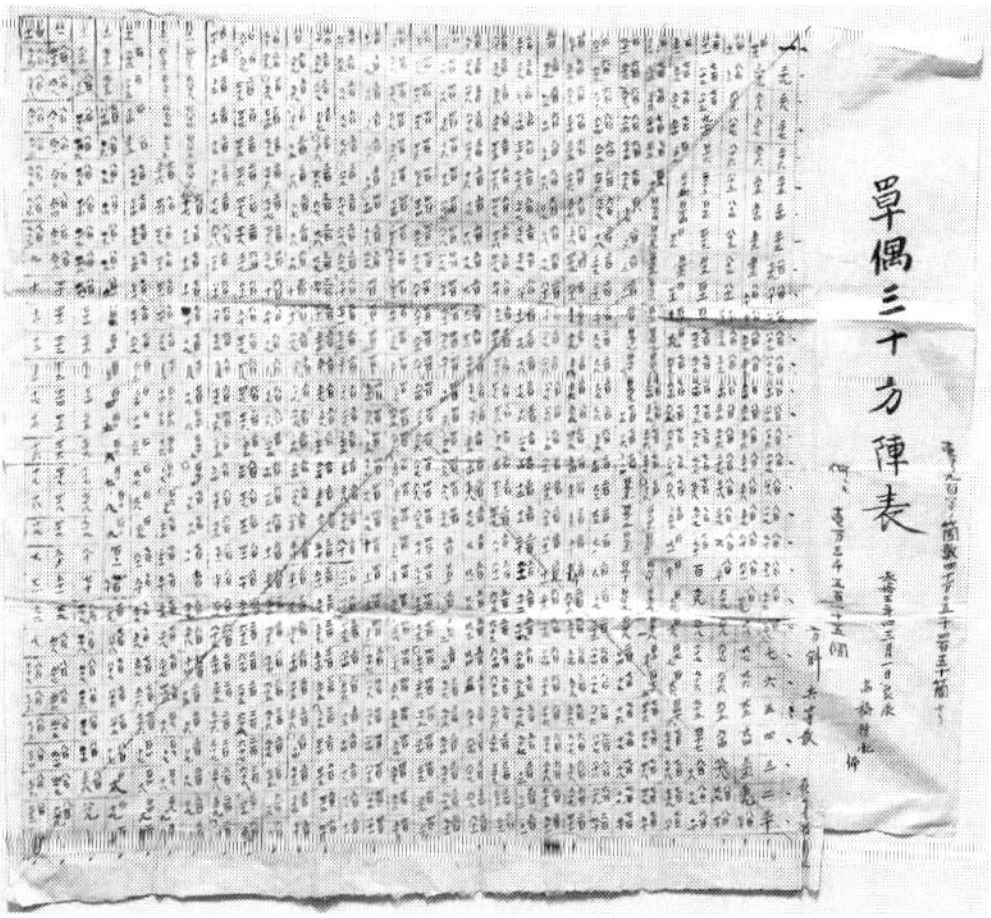

最上流最後の和算家、高橋積胤が作成した魔方陣(三十方陣)。一つとして同じ数字を入れていないが、縦、横、対角線の和がすべて同じである

(庄司賢三氏所蔵)

和算の伝統を最後まで守り、次代に伝えようとした千葉、高橋の二人は、奇しくも東北の人間である。和算は雪深い陸奥《みちのく》へ向けて北上していった。吹雪舞う厳しい自然と向き合う人間の生活が、数学という厳しい世界と対峙する姿勢と二重写しになる。

■なぜ日本は天才数学者を輩出するのか

根本において、日本人の「数学好き」なDNAは、太古の昔から変わっていないと考えられる。

前述したとおり、日本人は数学にある意味で憧れを抱き、子どもたちは誰もが最初は数学ができる人になりたいと思っている。それが何かで挫折した結果、裏返しで「数学嫌い」になっている。しかし「嫌い」ということは「好きになりたい」と同義なのだ。

したがって200年にわたる和算の学問体系が、簡単に風化することはない。よく指摘されることだが、和算は明治でストップしてしまい、結局、関孝和や建部賢弘が創り上げた数学は西洋に比べると、論理の面でも高みには進まなかったという。だが、そうではない。数学は伝統なのである。

日本には関や建部以降も、天才と呼ばれる数学者が続々と誕生している。

まず一例を挙げよう。ノーベル化学賞受賞者であるイギリスのフレデリック・ソディ(Frederick Soddy)は、1936年に「6球連鎖の定理」を発表している。ところが、同じ定理を日本の内田五観《うちだいつみ》は、それより100年以上も前の1822(文政5)年に発見しているのだ。内田は関流の和算家である。

現代数学では細分化が進んでいるが、「幾何」と「数」というバランスだけは厳然としてある。和算はこの両者のバランスをきちんと取っていた。関孝和を思い返してみるとよい。関は円周率を求めるのに、多角形を描くこと=幾何と、途方もない計算=数を同時に行なったのだ。

その底流は、たとえば高木貞治《たかぎていじ》の「類体論《るいたいろん》」に受け継がれていると言ってもいいだろう。高木は近代日本初の国際的数学者として知られ、『解析概論』や『代数的整数論』など、後年の数学者たちに愛読される教科書を残した。

また、有名な「フェルマーの最終定理」に関して、谷山豊《たにやまゆたか》、志村五郎《しむらごろう》、岩澤健吉《いわさわけんきち》のはたした役割は衆目の一致するところである。

ここでは概説するにとどめるが、フェルマーの最終定理とは、17世紀、フランスで弁護士をしていたピエール・ド・フェルマー(Pierre de Fermat)が、ディオファントスの

『算術』という本の端に残した謎のようなメモのことだ。フェルマーは次のように書いている。

「3乗数を二つの3乗数に分かつことはできない。われ真に驚くべき証明を見つけたり」

しかし、その証明を書き残す余白はない。ただフェルマーは「真に驚くべき証明を見つけた」と記したのである。

結論から言えば、フェルマーのメモから350年後の1994年9月19日、アメリカのアンドリュー・ワイルズ（Andrew John Wiles）が証明することになるのだが、もちろんその間、世界中のあらゆる数学者がこの難問に取り組んだ。

1980年代に入り、フェルマーの最終定理と「谷山・志村予想」（谷山豊と志村五郎による「有理楕円《だえん》曲線はすべてモジュラーである」というもの）が同じであることが証明される。つまり「谷山・志村予想」が証明できればフェルマーの最終定理も証明できることが明らかになった。

そこでワイルズは、自分が研究していた楕円曲線の理論がフェルマーにつながることを知り、証明の旅へ出る決意をする。7年におよぶ苦闘の末、ワイルズは岩澤理論を用いて「谷山・志村予想」の証明を成し遂げた。この瞬間、同時にフェルマーの最終定理が証明されたのだ。つまり、多くの日本人数学者（とくに整数論）の努力があって、フェルマーの最終定理は証明されるに至ったのである。

■「数と対話する」日本人

ノーベル賞に数学部門はない。だがそれに匹敵しうる「フィールズ賞」が１９３６年より設けられている。ノーベル賞と異なる点は、ノーベル賞の授賞対象者が毎年無制限、もしくはすでに業績を認められた人物であるのに対し、フィールズ賞は4年に一度であり、なおかつ40歳以下という制限があることだ。

そのフィールズ賞を受賞している日本人は、現在のところ三人。小平邦彦《こだいらくにひこ》、広中平祐《ひろなかへいすけ》、森重文《もりしげふみ》の各氏である。

さらに日本の数学界で称揚すべき人物を列挙すると、２００６年に逝去された東京大学名誉教授の彌永昌吉《いやながしょうきち》、１９６０年に文化勲章を受章した岡潔《おかきよし》（１９７８年没）の両氏になるだろうか。岡博士には文化勲章受章の際の逸話がある。

昭和天皇が「数学とはどういう学問ですか」とお尋ねになったところ、博士はこう答えた。

「数学とは、生命の燃焼です」

——この言葉には、不思議と江戸の天才数学者、建部賢弘が重なってくる。

建部は関孝和の門を叩き弟子入りをはたした。そして師のすべてを学び取ろうとした。まさに天才の計算力を駆使して、関の円周率の計算をさらに発展させ、世界ではじめて「無限級数展開の公式」に到達した。しかし、その建部は「私の才能は関先生に比べたら10分の1しかない」と言っている。

彼は8代将軍・徳川吉宗に『不休綴術《ふきゅうてつじゅつ》』という数学書を献上したが、その中に次のような一文がある。

「算数の心に従うときは易《やす》し、従わざるときは苦し」

算数の心。算数は生き物である。算数には命がある。だから、人は算数に近寄る。その対話が計算という行為なのだ。数学とは、生命の燃焼です——。

日本人は算数の心を知り、絶えず対話を続けてきたのである。

第5章

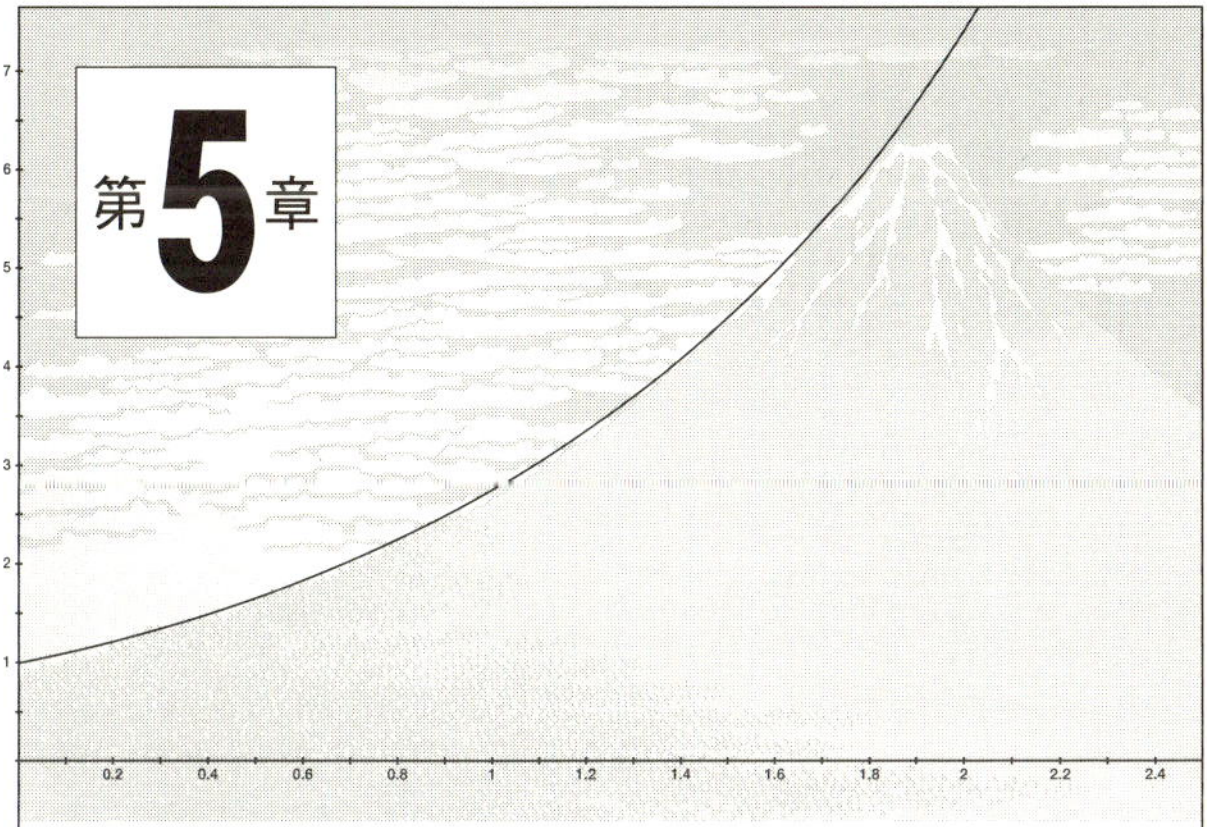

雪月花の数学

四季折々の自然を愛《め》でる心、数式はすべてを知っていた

■富士山に指数曲線が重なる事実

本書のカバーにも掲載した「凱風快晴《がいふうかいせい》」は、葛飾北斎《かつしかほくさい》の「富嶽《ふがく》三十六景」の中でも有名な作品の一つである。

「はじめに」でも触れたが、筆者はこの絵に、インスピレーションを感じた。それは富士の稜線《りょうせん》が指数曲線を描いているということだった。その感覚であらためて富士山を眺めてみると、実景としての富士山にもきれいな指数曲線が重なってきたのである。

数式では169ページのようになる。この式の「e」について、簡単に説明しよう。これは「自然対数の底《てい》」あるいは「ネイピア数」と呼ばれ、「宇宙の調和」を表現する数なのだ。

わかりやすい例は「肉まんの温度の下がり方」である。肉まんをコンビニで買う。ケースから取り出した瞬間は非常に熱い。ところがその熱さは、さほど長くは続かない。瞬《また》く間に、手で持てるくらいにまで肉まんの温度は下がる。

これは、風呂の湯や湯飲み茶碗のお茶の温度でも同じことで、外気=室温に触れた瞬間から温度は急激に下がりはじめ、次第に室温に近づいてゆく。170ページにグラフを掲げるが、横軸に時間、縦軸に温度を取ると、右下がりの曲線を描く。指数関数の曲線、す

《指数関数》

$$y=e^x$$

なわち指数曲線である。風呂が沸《わ》くと、母親は子どもに向かって「早く入りなさい、冷めるから」と言う。客にお茶を差し出す時も「冷めないうちにどうぞ」と言う。

　私たちが日常生活のいろいろな場面で感じていることは、数学的には実は「*e*」の指数関数として表わすことができるのである。

　つまり、ある瞬間の温度の下がり具合は、その時の温度に比例する。熱ければ熱いほど、温度の下がり方は大きい。正確には室温に対してだが、たとえば室温が20℃の時、肉まんの温度が25℃だとすれば、室温に対してそれほど温度差がない。したがって温度の下がり方は大きくない。

《風呂の温度の下がり方》

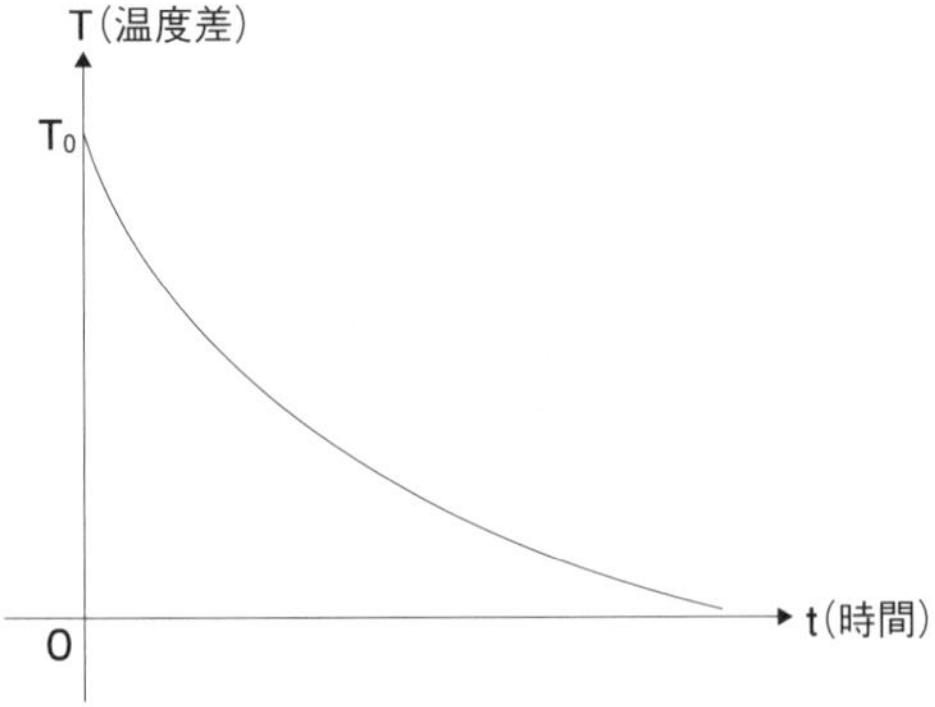

微分方程式 $\frac{dT}{dt} = -kT$

これを解くと $T = T_0 e^{-kt}$

T　：外気との温度差
t　：時間
T_0：t = 0 の時の T

《富士の稜線に重なる指数曲線》

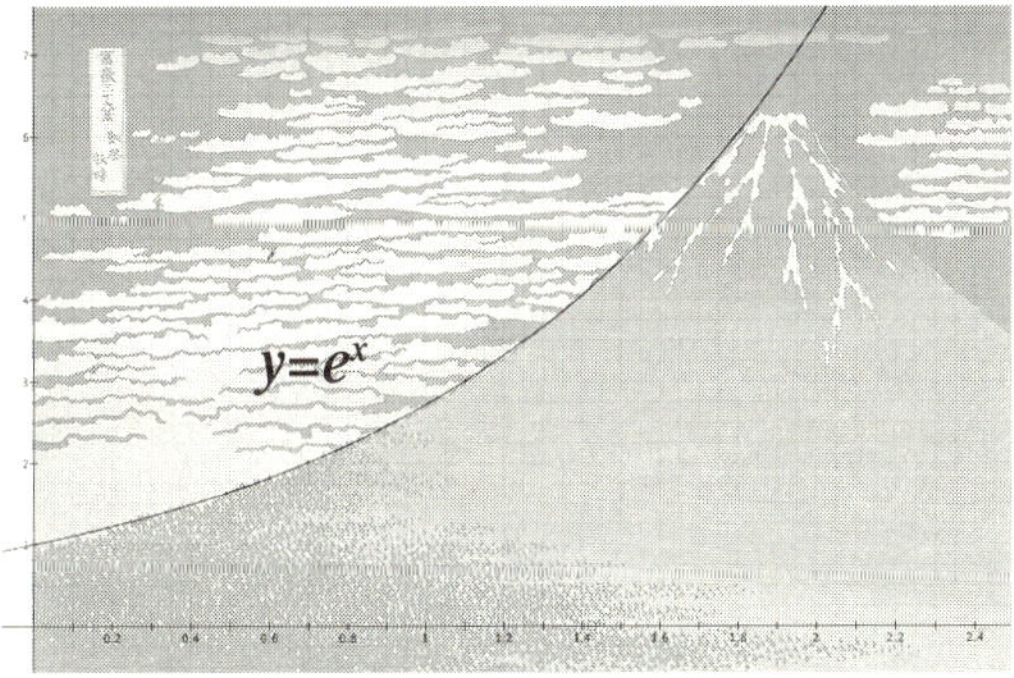

自然対数の底「e」は私たちの身近にいる　（北斎「凱風快晴」）

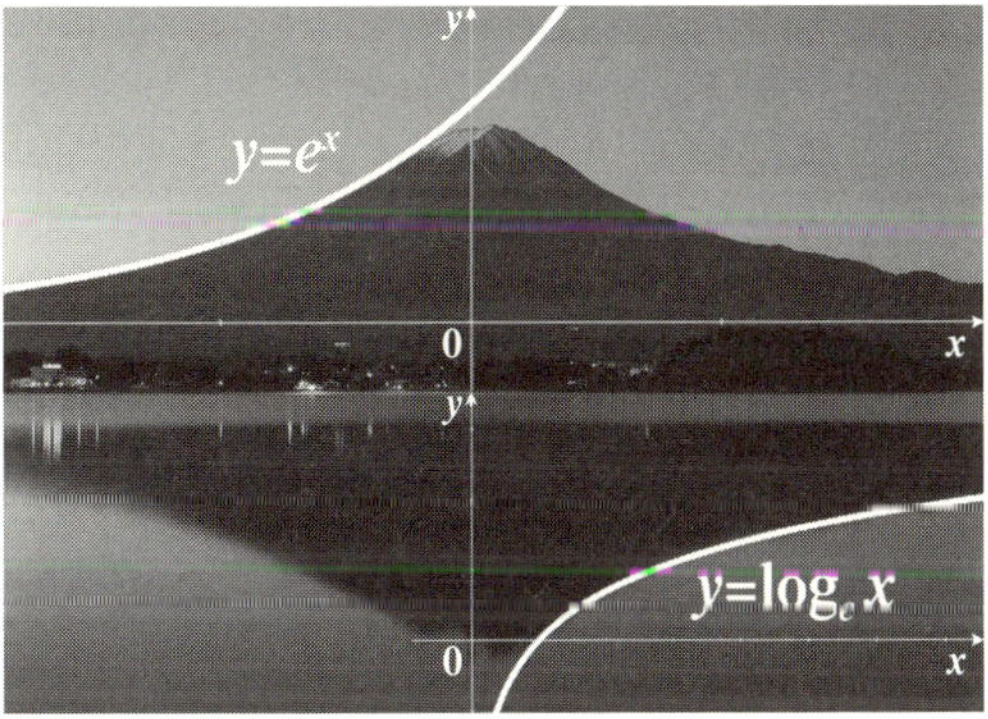

湖面に映る富士（逆さ富士）は、逆関数（「e」を底にした対数関数）の曲線を描く

ところが、室温20℃に対して肉まんが80℃と非常に熱く、温度差が激しい時は、その瞬間の温度に比例して急激に下がることになる。

このグラフと数式を、無理に理解しようと思わないでいただきたい。要は、自然現象を数式で表現する時に、この「*e*」がしょっちゅう顔を出すということさえ了解していただければ十分である。

■オイラーによる発見

170ページの数式で示したかたちの微分方程式は、いたるところにあるものだ。この式には「*e*」は登場しない。だが、なぜか解くことによって「*e*」が姿を現わす。

110ページで、ジョン・ネイピアと対数について概説したが、実は「*e*」は「ネイピア数」の別名を持つように、このジョン・ネイピアと浅からぬ因縁がある。

ネイピアは1594年から20年を費やして、対数表の完成にこぎ着けた。だが、彼の考えた対数の底は奇妙な形をしており、使い勝手が悪いということで当初は批判を浴びた。そこにロンドンで天文学の教授をしていたヘンリー・ブリッグス（Henry Briggs）が現われ、ネイピアの業績に感銘を受ける。

結果として、ネイピアとブリッグスは底を「10」にすること、すなわち常用対数を共同で研究し、1616年にはほぼ完成に近づく。ところが翌年、ネイピアが息を引き取ってしまい、二人の共同成果として発表の日を待ち望んでいたブリッグスは悲嘆にくれるのだが、最終的にブリッグスの手によって常用対数表は日の目を見ることになり、ネイピアの名誉は死後、回復されたのだった。

次に登場するのが、18世紀を代表する数学者、レオンハルト・オイラー（Leonhard Euler）である。オイラーはネイピアとブリッグス、二人による対数のさらなる本質を探究する。

結論だけ記せば、ネイピアが作り出した対数の底が、168ページにも紹介した「自然対数の底 e」の「逆数」だったのである。このことが、オイラーの研究により明らかになったのだ。「e」は1748年、オイラーが著わした『無限解析入門』によって明らかにされた。ちなみに「e」はオイラー（Euler）の頭文字と言われている。

言うなれば、ネイピアは先を行き過ぎていたのである。だから当初は受け容れられなかった。しかし、後の数学に大いなる遺産を残すことになったのである。

■「*e*」とは何か

日本では、この「*e*」のことを、「鮒《ふな》、一鉢二鉢《ひとはちふたはち》、一鉢二鉢……」などと暗唱する。175ページ・上の数式に示すごとくである。

これを、分母を「0」「1」「2」「3」「4」「5」……の階乗（1からその数までを掛けていった数。記号は「!」）、分子をすべて「1」とした分数の和で書き表わすと、非常に美しい形になる（175ページ・下の数式）。

数学者は、このようにして数の正体、もしくは数の持つ別の顔を探す旅もするのである。少し回り道になるが、その好例を掲げてみよう。素材は、お馴染みの円周率「π」である。「3・1415……」だけが「π」ではないことが分かるはずである。

176ページの式はドイツの数学者、ゴットフリート・ライプニッツ（Gottfried Wilhelm Leibniz）による公式だが、こうして表わせば、「π」のイメージも少しは変わってくるのではないだろうか。「－」と「＋」が交互に並び、分母は奇数が連続する。誰でも「9分の1」の次は「11分の1」が続くと言い当てることができる。

その「*e*」と「π」がつながるのである。物理学者、ファインマンが「人類の至宝」と呼んだ「オイラーの公式」だ。

《ネイピア数》

$$e = 2.71828\ 18284\ 59045\ 23536\ 02874\ 71352\cdots\cdots$$

$$e = \frac{1}{0!} + \frac{1}{1!} + \frac{1}{2!} + \frac{1}{3!} + \frac{1}{4!} + \cdots\cdots$$

$$= 1 + 1 + 0.5 + 0.1666\cdots + 0.04166\cdots + \cdots\cdots$$

$$= 2.718281828\cdots\cdots$$

この式の興味深いところは、まるで起源の違う、しかし数学においてはきわめて重要な4つの実数（real number。数直線上にある数のこと。すなわち円周率「π」、自然対数の底＝ネイピア数「*e*」、数の基本である「0」と「1」）と、虚数「*i*」(imaginary number。数直線上にない、平面上にある数）が結びついている点にある。

オイラー自身が驚き、多くの人々を魅了してきた驚異の関係式である。

虚数「*i*」とは、思い出していただければ、「2乗することによってマイナス1になる」数のことだ。

《ライプニッツの π の公式》

$$\frac{\pi}{4}=1-\frac{1}{3}+\frac{1}{5}-\frac{1}{7}+\frac{1}{9}-\cdots\cdots$$

■「見えない数」が世界を存在させる

オイラーの公式は、「e」と「π」の関係と言っても過言ではないと思う。「e」は自然現象を数学的に解く際に欠かせない数であり、「π」は言わずもがな、最もシンプルな形である円に登場する。

また、この公式を形づくる「0」と「1」で数は表現できてしまう。二進法である。

それに、今まで見てきた「e」「π」「0」「1」は、すべて目に見える数（実数）だが、「i」は見えない。オイラーの公式は、「見えない世界が見える世界を支えている」という構造を、私たちに教えてくれるものでもある。

さらに言えば、数直線上に「0」と「1」

《オイラーの公式》

$$e^{i\pi}+1=0$$

がある。その間には何もないように見えるが、もちろん分数は存在する。また、実は見えない「eの$i\pi$乗」も数直線上にあって、絶妙な数の世界を構築している。それゆえオイラーは、この公式の発見に驚愕したのだ。

数学は「理科系」の「科学」と捉えられがちだが、これまでのように見てくれば、本質は万物の真理を語るための言語と言えるのではないだろうか。クロネッカー(Leopold Kronecker)という数学者はこう言っている。

「自然数だけは神が与えてくれた数だ。それ以外は人間が作った」

■なぜ北斎の絵に「黄金比」が

日本人が霊峰《れいほう》と崇め、その四季折々の美をこよなく愛する富士山の稜線に、筆者は自然対数の底「e」を見た。不遜《ふそん》な意味ではなく、日本人であれば、自然の美の中に「見える数」も「見えない数」も「見る」のではないか。

もちろん、それを「e」や「π」で表現することはない。数式にすることもないだろう。27ページで述べた、「$\sqrt{2}$」を「円に内接する正方形の対角線」という形で「感じた」ことがすべてである。

であれば、富士山の稜線に自然対数の底を見ることも、さほど不思議ではない。要するに、自然の美を目の当たりにした時に、自然の美に欠かせない数的なものを感じとったということである。

さて、やや難しい話にお付き合い願ってきたが、ここで北斎の絵に立ち返りたいと思う。もう1枚、有名な作品を掲げよう。同じく「富嶽三十六景」から「神奈川沖浪裏《かながわおきなみうら》」である（181ページ）。ゴッホが激賞し、ドビュッシーがインスパイアされたという傑作だ。一瞥《いちべつ》して誰もが分かる特徴は、他の作品と一線を画す、雄大な波の曲線である。その波の崩れる、まさに刹那《せつな》を描ききっている。

しかも、螺旋を描いている。螺旋はすなわち黄金比に通じるのである。76ページで述べたように、フィボナッチ数列から螺旋が生まれる。

日本の美を象徴する数として、白銀比「$\sqrt{2}$」を挙げた。ところが日本人絵師である葛飾北斎の作品に、西洋の美を象徴する黄金比が採り入れられている。これは新鮮な驚きだった。

もっとも複数の研究によれば、「神奈川沖浪裏」には、波が描く螺旋＝黄金比とともに、正方形や白銀比も用いられているというのだが、残念ながらそうした定説を寡聞《かぶん》にして知らない。もしそうだとすれば、北斎は日本絵画の極北に立ちながら、西洋美術の神髄をも掌中《しょうちゅう》にしていたことになる。

周知のとおり、浮世絵という版画は、芸術作品として創作されたものではない。位置づけは、江戸の庶民を楽しませるグラフィック・デザインである。ただ、そのような先入観があろうとなかろうと、「富嶽三十六景」を鑑賞すれば、北斎の眼力《がんりき》と描写力には素直に敬服してしまう。端的に言えば、リアリズムと空想の破綻なき混合を感じるのだ。

おそらく北斎は、相当な眼力を持って風景＝自然を見つめた。そのうえで、自らの空想、想像の世界に遊び、咀嚼《そしゃく》した結果を作品に仕上げたのではないだろうか。

■華道が示していた「√2」

もとより、北斎ただ一人が、日本美術において黄金比を用いたとはかぎらないだろう。連綿と続いてきた伝統芸術の水脈は、一筋縄では相手にできない。

だが、このようなことは言えると思う。黄金比も白銀比も、求めるところは美の根源、神秘なる生命や宇宙の姿であって、それが形状的な発露の段になると好対照を見せるのだ、と。

89ページの復習になるが、黄金比と白銀比の対比を列挙してみよう（183ページ・上）。やはり総体として、日本的なるものは、白銀比の世界に潜んでいると思わざるを得ないではないか。

さて今一度繰り返すが、日本人が白銀比を見出す形は、円に内接する正方形（の対角線＝円の直径）である。江戸寛政《かんせい》年間（18世紀末）に未生斎一甫《みしょうさいいっぽ》（山村山碩《やまむらさんせき》）によって創始された、「未生流」という華道の流派がある。その流派を象徴する紋が、まさに「円に内接する正方形」なのだ。

183ページ・下のとおりである。正方形内部の曲線は、植物を表現しているそうだが、それらに挟まれるようにして正方形の対角線がくっきりと描かれている。この紋に見

《北斎の絵に黄金比》

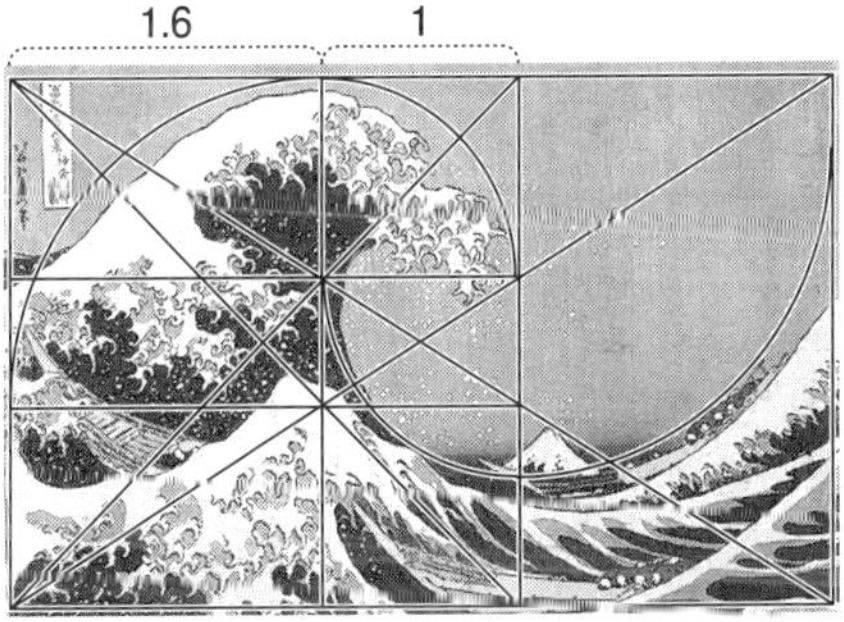

「神奈川沖浪裏」に描かれた波は、フィボナッチ数列から導かれる螺旋にきわめて近い。このことは黄金比が活用されていることを物語る

える三角形は天、地、人を表わす。そして、この紋が意味するのは「天円地方和合《てんえんちほうわごう》」、すなわち（円形の）天空と（四角形の）大地が和合するという宇宙観である。源流を辿れば、古代中国から日本にもたらされた「蓋天《がいてん》説的宇宙」論に行き着くという。

注目すべきは、花の世界の理想は花器の中に宇宙を表現することであり、そのために円と正方形＝白銀比＝$\sqrt{2}$を用いているということである。

円に対して直径を考える時、それは有限で決定されている。しかし数値では「$\sqrt{2}$」となって無限である。円ほどシンプルに閉じている形はない。正方形を描くよりも円を描くほうが簡単だ。それほど簡単な形にもかかわらず、その中にはてしない無限が入っている。未生斎一甫はここに宇宙を感じたのである。

■一瞬を切り取るということ

白銀比に関連して、48ページで「相似」について述べた。A判の用紙、つまり縦横比が「1対$\sqrt{2}$」になっている四角形は、半折りを続けても永久に相似を描くということだった。まさに$\sqrt{2}$のエッセンスは「相似」に求められるのだ。

西洋的文化の土壌においては、宇宙は螺旋であり、つねに拡大、成長してゆくダイナミ

《黄金比と白銀比の対比》

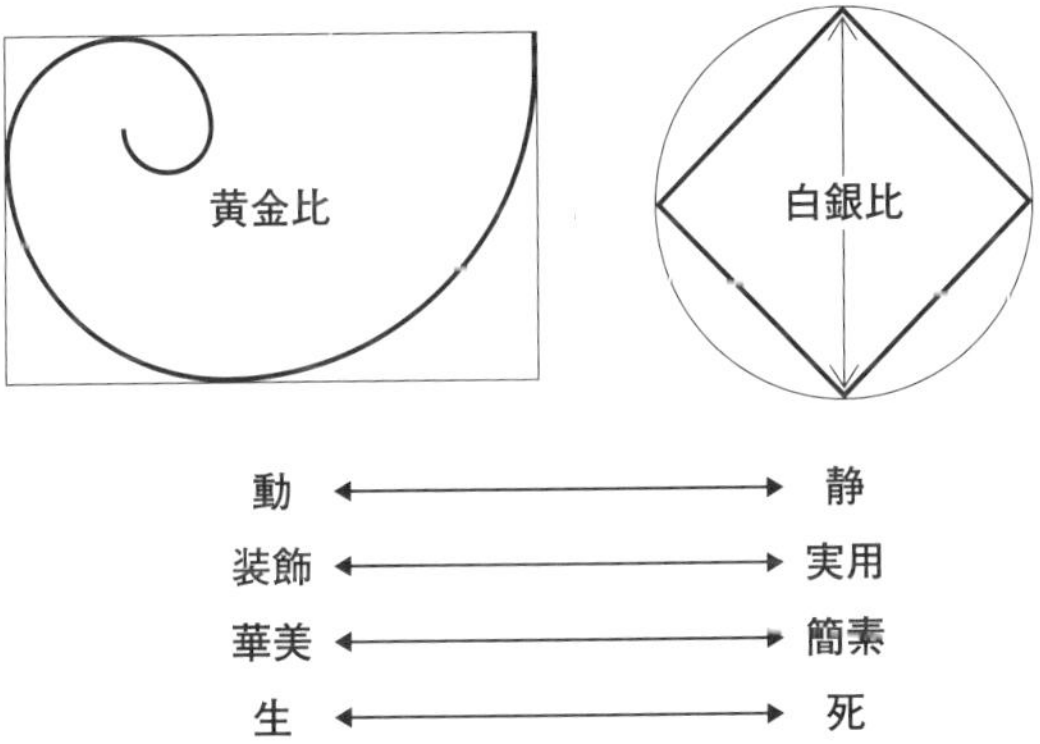

《華道真養《しんよう》未《み》生《しよう》》

ズムの中で捉えられていた。一方、「$\sqrt{2}$」がもたらす相似性は、宇宙全体が小さな世界から大きな世界まで、同じ形でできていると考える。

するとどういうことが大切になってくるだろうか。無限的な時間の流れの中で、相似的に生成された宇宙——森羅万象に相対した時、人間は一瞬を切り取って見つめなければならないということではないか。

五月雨《さみだれ》の降り残してや光堂《ひかりどう》
閑《しずか》さや岩にしみ入《いる》蟬の声
雲の峰《みね》いくつ崩れて月の山

『奥の細道』で松尾芭蕉が詠《よ》んだものである。「閑さや……」の「しみ入」は、「しみつく」「しみ込む」を経て三度目で到達した表現とのことだが、ものの見事に「しずかさ」の一瞬を切り取っていると思う。その結果として、現代の私たちが味わってもなお感動できる、無限の時間を漂《ただよ》わせている。

こうした視点で鑑賞すれば、北斎の「神奈川沖浪裏」に黄金比が用いられていようと、その根底には相似＝√2に根ざした日本的自然観が横たわっているようにも思えるのだ。

今まさに舟を呑《の》み込もうかという大波の、その瞬間が切り取られている。そして波はまた、繰り返し繰り返し舟に向かってくる。

■花と量子力学

オイラーの公式を紹介した際に、「見える数」「見えない数」という表現をした。数学ではないが、物理学でも「目に見える」「見えない」という考え方をする。すなわち「自然は見える世界と見えない世界で、できている」ということの理論化に成功したのが、量子力学である。

先に述べた未生流には、「天円地方和合」の他に「虚実等分《きょじつとうぶん》」という言葉があるのだが、これは量子力学の考え方に通底する。「虚」と「実」の相反する概念を等しく分かつ、つまりは「見えないもの」と「見えるもの」を同列線上で扱う。

同じく「花すなわち心」も未生流の教えの一つであるという。花は目に見えるもので、心は見えないものである。花と心、見えるものと見えないものの対比が華道の中にある。

私たちは桜の花を見た時、心の中に独特の思いがわき出る。それは、目に見えない世界

（心の中）があるから、見える世界（桜）が存在しているということを意味している。

有名な話だが、鐘の音が鳴った時に、聞く人間がいなかったら鐘の音は鳴ったことになるのかならないのか。それが量子力学の世界なのである。

日本人は、量子力学が科学として認知されるはるか以前から、見えない世界と見える世界の両方を、ごく当たり前に生きてきた。四季の移り変わりを感じ、それぞれがもたらす美と風情を愛《め》でてきたのである。時に自然は厳しくもあるが、その厳しささえも寄り添ってきたのが日本人なのではないだろうか。

■「わび・さび」と数学

京都・竜安寺《りょうあんじ》の石庭に「七五三の石組」がある。東から石が5・2・3・2・3個と配列され、その組み合わせから「七五三」と名づけられたという。

98ページで述べたように、「七五三」は陽の数＝奇数であり、なおかつ「数の世界の土台を作る」素数であった。竜安寺の「七五三の石組」の配列、すなわち「5・2・3・2・3」も、すべて素数である。

宇宙全体が相似でできていると考えれば、けっして広いとは言えない石庭も、宇宙と同じ空間である。有限の庭の中に、無限の宇宙を見ている。そのために、数の世界の大本となる素数を用いた。

ここで「わび・さび」を論じるのは私の手にあまる行為だが、あえて和英辞典的に言えば、「シンプル・アンド・クワイエットの味わい」となる。

いたずらに贅《ぜい》を好まず、無駄を省き、閑かで静かなたたずまいを、この上ないものとする心。それは「$\sqrt{2}$」と「正方形」が象徴する、虚飾のない静謐《せいひつ》さに通じている。

日本人が美徳とする「簡素」「質素」の「素」は、「素数」の「素」なのかもしれない。

おわりに

もともとの『雪月花の数学』は平成十八年に出版された。その後、「雪月花の数学」はサイエンス・ナビゲーターの講演テーマにも仕上がっていき、全国各地で数学エンターテイメントが繰り広げられてきた。講演では、数と形に支えられる日本文化の姿、それがいかにして発見されたかを映像と音楽を使い紹介していく。

それは同時に、いかにしてサイエンス・ナビゲーターが生まれたかをも物語っていくことになった。ある講演でサイエンス・ナビゲーターの口からふいに一つの言葉が出た。

「こころの定規」

思いもしないその言葉に、自ら驚きながらうれしさがこみ上げた。そういう言葉があったのかと。それまで考えてきたことが、この一言に集約された瞬間だった。

アーティストは、定規をあて寸法を測って作品を制作したりはしない。自らの腕と技、そして直感だけを頼りに作り上げた結果として、そこに黄金比や白銀比が現われる。意図してそれらの比を取り入れたとしても、美が生み出されるわけではない。もともと私たち心の中にそれらの比が刻まれた定規があって、それを用いるから（黄金あるいは白銀）比が形として表出してくるのではないか。

それはまさに、「こころの定規」とも言うべきものである。自在にこころの定規を使いこなすことができる人こそがプロフェッショナルなのであり、普通はその存在すら気がついていない。人は誰しもが誤差ゼロのこころの定規を持っている。それを無意識で使い、感じるものすべてを見事に判断しているのではないか。直感の意外なほどの正確さの理由がそこにあるのではないか。

建築、華道、俳句といったさまざまな日本文化を、数と形という「こころの定規」を通して眺める時、はじめて見えてくる姿があることに驚かされた。それは、あたかも富士山に指数曲線が重なり合うことに気づいた時の驚きであった。なぜかはわからないが、目の前にその事実が存在している。

数学とは、まさに0、1、2、3、……といった触ることができない数という代物を、心だけは自在に操ることができるからこそ作り上げられた世界なのである。それはすべての人に共通するこころの定規なので、数学はユニバーサル・ランゲージになっている。

それは建部賢弘の「算数の心」にも通じる。もしかしたら日本人と西洋人では、こころの定規の使い方に違いがあり、それが白銀比と黄金比の違いに表われているのではないだろうか。

こうして「こころの定規」という言葉に出会うことになった。この言葉を使うならば、本書は「日本と西洋における『こころの定規』の相違」という仮説を提起したと言える。ほんの入口にさしかかっただけである。その先に待ち受けているさらなる発見に期待したい。いつの日かこの仮説が深く確かめられることを夢見ながら、計算の旅はつづく。まだ見ぬ日本の風景を求めて。

本書はもともと祥伝社の編集者、岡部康彦氏のすすめで世に出ることになった。サイエンス・ナビゲーターがまったく認知されていない時に、筆者が発信していた数少ない情報からその可能性を見いだしていただいた。それがなければ、本書は出来上がらなかったであろう。編集部の飯島英雄氏には文庫化でお世話になった。未知の華道の世界をていねいに案内してくださった華道真養未生の鈴木加代《すずきかよ》氏。記して感謝したい。

二〇一〇年六月

桜井《さくらい》　進《すすむ》

本書は、二〇〇六年八月、小社より単行本
『雪月花の数学』として発行された作品を
著者が加筆・修正して文庫化したものです。

一〇〇字書評

切り取り線

購買動機（新聞、雑誌名を記入するか、あるいは○をつけてください）	
□（　　　　　　　　　）の広告を見て	
□（　　　　　　　　　）の書評を見て	
□ 知人のすすめで	□ タイトルに惹かれて
□ カバーがよかったから	□ 内容が面白そうだから
□ 好きな作家だから	□ 好きな分野の本だから

●最近、最も感銘を受けた作品名をお書きください

●あなたのお好きな作家名をお書きください

●その他、ご要望がありましたらお書きください

住所	〒				
氏名		職業		年齢	
新刊情報等のパソコンメール配信を 希望する・しない	Eメール	※携帯には配信できません			

あなたにお願い

この本の感想を、編集部までお寄せいただけたらありがたく存じます。今後の企画の参考にさせていただきます。Eメールでも結構です。

いただいた「一〇〇字書評」は、新聞・雑誌等に紹介させていただくことがあります。その場合はお礼として特製図書カードを差し上げます。

前ページの原稿用紙に書評をお書きの上、切り取り、左記までお送り下さい。宛先の住所は不要です。

なお、ご記入いただいたお名前、ご住所等は、書評紹介の事前了解、謝礼のお届けのためだけに利用し、そのほかの目的のために利用することはありません。

〒一〇一-八七〇一
祥伝社黄金文庫編集長　吉田浩行
☎〇三（三二六五）二〇八四
ohgon@shodensha.co.jp

祥伝社ホームページの「ブックレビュー」からも、書けるようになりました。
http://www.shodensha.co.jp/bookreview/

祥伝社黄金文庫

祥伝社黄金文庫　創刊のことば

「小さくとも輝く知性」――祥伝社黄金文庫はいつの時代にあっても、きらりと光る個性を主張していきます。

真に人間的な価値とは何か、を求めるノン・ブックシリーズの子どもとしてスタートした祥伝社文庫ノンフィクションは、創刊15年を機に、祥伝社黄金文庫として新たな出発をいたします。「豊かで深い知恵と勇気」「大いなる人生の楽しみ」を追求するのが新シリーズの目的です。小さい身なりでも堂々と前進していきます。

黄金文庫をご愛読いただき、ご意見ご希望を編集部までお寄せくださいますよう、お願いいたします。

平成12年(2000年) 2月1日　　　祥伝社黄金文庫　編集部

雪月花《せつげつか》の数学《すうがく》

平成22年6月20日　初版第1刷発行

著者　桜《さくら》井《い》　進《すすむ》
発行者　竹内和芳
発行所　祥《しょう》伝《でん》社《しゃ》
東京都千代田区神田神保町3-6-5
九段尚学ビル　〒101-8701
☎ 03（3265）2081（販売部）
☎ 03（3265）2084（編集部）
☎ 03（3265）3622（業務部）
印刷所　萩原印刷
製本所　ナショナル製本

ISBN978-4-396-31513-9 C0140
祥伝社のホームページ・http://www.shodensha.co.jp/

祥伝社黄金文庫

小林惠子《やすこ》　本当は怖ろしい万葉集

天武天皇、額田王、柿本人麻呂…秀歌に隠されていた古代史の闇が、今、明らかに——。

小林惠子《やすこ》　本当は怖ろしい万葉集〈壬申の乱編〉

大津皇子処刑の真相と、殉死した妃の正体が今、明かされる…大人気シリーズ、待望の第2弾。

井沢元彦　言霊（ことだま）

日本人の言動を支配する、宗教でも道徳でもない〝言霊〟の正体は？　稀有《けう》な日本人論として貴重な一冊。

松浦昭次　宮大工《みやだいく》千年の知恵

誇るべき日本の伝統技術。宮大工が培ってきた技と心意気には、私たちが失いかけている日本の美がある。

松浦昭次　宮大工千年の「手と技」

松浦さんの技には「伝統と、ものを生かす」心が脈々としていました—（尾道大本山 浄土寺 住職・小林海暢《かいちょう》）

松浦昭次　宮大工と歩く千年の古寺

宮大工による古寺案内は、一味違う。さあ、先人の「知恵」を知る旅に出かけましょう。